LA CÉRAMIQUE
ANCIENNE
depuis le XVe Siècle
jusqu'à la fin du XVIIIe
FAÏENCES ET PORCELAINES
d'Europe et d'Orient
GRÈS
LEUR VALEUR
par
Alban SAUVAGET
Auteur du Recueil
des Monogrammes et Marques figuratives
des
Faïences & Porcelaines d'Europe
A BOURGES (Cher)
CHEZ L'AUTEUR

LA

Céramique Ancienne

Depuis le XVe Siècle
jusqu'à la fin du XVIIIe

PRÉFACE

Par leurs formes gràcieuses, par la gaîté de leurs tons multicolores, la diversité de leurs dessins, dont l'exécution de bon nombre d'entre-eux dénote une science approfondie de la décoration, comme par la naïveté de certaines compositions, les faïences et les porcelaines anciennes ont de tout temps attiré l'attention des amateurs dont le nombre va toujours grandissant, à mesure que se développe le goût du beau.

Dans le but d'être agréable à ces amateurs, j'ai essayé de réunir dans cet ouvrage, les connaissances indispensables qui leur permettront d'apprécier les œuvres céramiques qu'ils possèdent, ou qu'ils désirent se procurer.

Ainsi, dans les trois premiers chapitres, le lecteur trouvera l'histoire de chacune des manufactures d'Europe et d'Orient, classées par ordre alphabétique pour faciliter les recherches; les caractères distinctifs propres à chaque famille, ainsi que les monogrammes et les marques figuratives permettant de reconnaître avec certitude l'origine de chaque pièce.

Un amateur est très embarrassé pour acheter

un objet s'il n'en connait pas exactement la valeur: il craint que le marchand peu scrupuleux parfois n'abuse de son inexpérience pour lui vendre beaucoup plus cher qu'il ne vaut, l'objet qu'il désire avoir. De même que si l'amateur veut se défaire d'un objet ayant quelque valeur, il est bien satisfait, pour ne pas se faire «*rouler*» de savoir le prix qu'il doit demander de l'objet qu'il désire vendre.

Or, la valeur d'une chose, quelle que soit cette chose, peut être basée sur le prix qu'elle atteint dans une vente publique, où plusieurs personnes sont en concurrence pour l'acheter. – Je sais bien que dans les ventes, certains objets ne sont pas vendus à leur valeur, faute d'amateurs, de même que certains autres, atteignent des prix trop élevés; mais c'est là l'exception – et en général on peut dire que la valeur d'un objet ancien est celle à laquelle cet objet est adjugé dans une vente publique.

J'ai donc recueilli dans les ventes faites à *l'Hôtel Drouot*, en province et à l'étranger, et groupé dans ce volume, sous la rubrique «*Recherches*» les prix de plus de deux mille pièces de faïence et de porcelaine anciennes de toutes marques, et il sera facile au lecteur en examinant la désignation des pièces vendues et les prix atteints par elles, d'arriver à déterminer par comparaison, la valeur exacte d'une pièce quelconque.

Il arrive malheureusement parfois, la céramique étant très fragile, que des objets d'art de grande valeur soient détériorés et même brisés et que l'on hésite à les faire réparer, craignant que le réparateur ne puisse le faire assez proprement, et combien de fois entend-on dire: «Ah! si je pouvais faire cette réparation moi-même!»...
C'est pourquoi j'ai pensé qu'il serait très utile aux amateurs de céramiques anciennes de connaître la manière de réparer eux-mêmes les pièces fendues ou fracturées et même d'y rapporter un morceau manquant.

Le lecteur trouvera donc au dernier chapitre de cet ouvrage, tous les renseignements qui lui seront nécessaires pour opérer lui-même les restaurations de toutes sortes et je suis convaincu qu'avec un peu de patience, et en suivant ponctuellement mes indications, il arrivera promptement à un résultat satisfaisant.

Alban Sauvager

TABLEAU DES ABRÉVIATIONS

Cam.	camaïeu.
D.	diamètre.
Déc.	décembre.
déc.	décor.
ép.	époque.
fév.	février.
g^d, g^de.	grand, grande.
H.	hauteur.
janv.	janvier.
juil.	juillet.
métall.	métallique
nov.	novembre.
oct.	octobre.
polych	polychrome
S.	siècle.
sept	septembre
V.	vente.

Toutes les ventes dont le lieu d'exécution n'est pas indiqué dans les recherches, ont été faites à Paris, à l'Hôtel-Drouot.

CHAPITRE Ier

FAÏENCES

§ Ier FRANCE.

I _ APREY

A la manufacture d'Aprey (Haute Marne) fondée vers 1750, travailla un peintre d'oiseaux d'une grande habileté, du nom de *Jarry*.

Les formes élégantes des faïences d'Aprey, sont presque toujours empruntées à l'orfèvrerie avec des bordures de rocaille et des festons, et décorées d'oiseaux aux plumes éclatantes.

Les plus belles faïences d'Aprey ne sont généralement pas marquées, et c'est au moment où la fabrication devient moins soignée qu'elles portent, entrelacées les lettres A et P (Aprey) et l'initiale du décorateur Jarry ou autres:

P AP | AP r | P AP | APj | AP G

RECHERCHES

V. Macqueron-Lorangot, mars 1900 :

Plat rond à déc. polych. *109f*

V. Comtesse de Fitz-James, Déc. 1903 :

Vase forme Médicis avec couvercle déc. polych. de bouquets de fleurs *1000f*

V. de B. Déc. 1904 :

Assiette décorée de personnages dansant. *81f*

" oiseaux dans un paysage *40f*

" ornée de trois oiseaux *195f*

Autre assiette décorée de trois oiseaux ... *241f*

II - BERNARD PALISSY

Bernard Palissy naquit à la Chapelle-Biron près Agen en 1510, et mourut en 1590 ; il voyagea beaucoup dans sa jeunesse, exerçant plusieurs métiers, entre autres ceux de peintre verrier et de géomètre-arpenteur.

Il s'établit à Saintes en 1542, où il commença à chercher la composition des émaux.

Après des essais et des travaux sans nombre, et au prix d'immenses sacrifices, il arriva enfin à trouver un émail blanc, puis plus tard, d'autres émaux de couleurs diverses.

L'œuvre de Bernard Palissy comprend trois périodes distinctes :

La première est celle des tâtonnements et des recherches, elle ne comprend que des faïences jaspées.

La deuxième période est celle caractérisée surtout par la fabrication de ses pièces rustiques ornées de serpents, de grenouilles, de poissons, de lézards, de coquillages, d'insectes, de papillons, etc., disposés et reproduits toujours avec un goût rare et une connaissance parfaite de la nature.

La troisième période comprend les plats à ornements et à figures en bas-relief. C'est à cette période que se rattachent les corbeilles découpées à jour, les bassins dont les bords, ornés de motifs élégants et variés, sont souvent coupés par des cavités destinées à recevoir les épices que l'on joignait à cette époque à la nourriture; les aiguières imitées des étains de *Briot*, les vases d'apparat, les salières ornées de figures de sirènes ou de masques; les flambeaux, les saucières et nombreuses autres pièces portant toujours la marque d'un goût pur et élevé.

RECHERCHES

V. Soltykoff, avril 1861:

Gd plat déc. mystique, milieu du XVIe S. ... 580f
Plat analogue à fond jaune 480f
Autre plat analogue à fond bleu 760f
Plat semblable à fond bleu grisatre 600f
Plat semblable à fond bleu et brun 675f
Plat à bord godronné 480f
Plat analogue fond bleu uni 600f
Plat semblable fond truité 510f

Gd bassin d'aiguière ovale, fond lisse trui. té, bord décoré de palmettes et de fleurons, (50 x 38) centimètres 4000f

Gd bassin rond représentant au fond la nymphe de Fontainebleau sous les traits de Diane de Poitiers s'appuyant sur un cerf, et entourée d'une meute de chiens.(D. 50)..7300f

Plat rond à ombilic, moulage d'un plat en étain de Briot (D. 43) centimètres........10.000f

Bassin semblable, également moulé sur celui de Briot, et émaillé de couleurs,(fracturé) 4800f

Deux petits plats ovales moulés sur des étains de Briot, et représentant la terre et l'air................................ 300f

Gd plat ovale représentant la Fécondité..1681f

V. X. mai 1898 :

Gd plat représentant Persée délivrant Andromède 1650f

V. Carl Becker, à Cologne, mai 1898 :

Gd plat ovale : vipère, coquillage et feuillage, au marli : poissons, grenouilles, lézards, feuilles et coquilles en relief, émaillés couleurs naturelles, fond glacé jauni 1037f

V. du 14 Juin 1898 :

Plat orné de six mascarons 150f

Plat représentant la déesse des eaux tenant dans ses bras deux cornes d'abondance... 150f

V. Lizé, mars 1901 :

Biberon oblong, dessus orné de reptiles 205f

V. Antocolsky, mai 1903 :

Statuette : portrait de Bernard Palissy. . . 535f

V. Gaillard, juin 1904 :

Gd plat ovale (52 x 41) 800f

Plat ovale (26 x 19) 300f

Coupe (D. 24) 400f

Plat ovale : la décollation de St Jean (29 x 22) 430f

Gd plat circulaire : Persée délivrant Andromède 1030f

Plat ovale : le baptême du Christ 310f

Plat ovale : le sacrifice d'Abraham 435f

Saucière long. 0,20 . . . . 620f

Petit plat, suite de Palissy, commencement du XVIIe S. 145f

V. de B. Déc. 1904 :

Plat à épices, présentant cinq cavités. (restauré) 92f

V. Rey, juin 1905 :

Petit plat émaillé 299f

III. – BORDEAUX

Dans la manufacture de Bordeaux fondée par *Hustin* en 1714, on commença par imiter les faïences de Rouen.

Plus tard on y confectionna des pièces diverses affectant les formes d'oiseaux de basse-cour : poules couvant, canards, dindons, etc., dont la partie supérieure servait de couvercle.

Ces faïences, toujours bien modelées sont peintes en couleurs où le manganèse et le noir dominent.

RECHERCHES

V. Souriaux à Bordeaux, janv. 1899 :

Deux g^ds vases d'ornement déc. polych., avec leurs couvercles *800f*

G^d plat, déc. de Bérain, avec inscription . . . *475f*

IV – BOURG-LA-REINE

Bourg-la-Reine fondée en 1773, fabriqua d'abord des porcelaines tendres ; mais cette fabrication fut bientôt abandonnée et fit place à celle de la faïence usuelle.

Ces faïences sont marquées :

V – CLERMONT-FERRAND

La fabrication ordinaire de Clermont-Ferrand se bornait à des poteries communes, qui ne portent aucune marque ; cependant on retrouve quelques pièces véritablement artistiques, datant de 1730 à 1740, dans le genre de celles de Moustiers.

Ces pièces portent la marque suivante :

VI – LA ROCHELLE

La manufacture de La Rochelle, établie au commencement du XVIIe S., produisait des faïences à reliefs émaillés, dans le genre de celles de Palissy. Plusieurs de ces faïences portent la marque :

IB3

RECHERCHES

V. Souriaux, à Bordeaux, janv. 1899 :
Deux vases avec guirlandes de fleurs. 150f

VII. LES ISLETTES

La fabrique des Islettes dans la Meuse subsista depuis 1737 jusqu'à 1830; on y fabriqua principalement de belles assiettes décorées de sujets familiers dessinés d'un trait noir et peints en couleurs éclatantes.

RECHERCHES

V. du 3 fév. 1899 :

Fontaine forme balustre avec dauphins en relief déc polych. de personnages chinois dans un paysage (60 × 31) 120f

V. Comtesse de Fitz-James, Déc. 1903 :

Petit vase pot-pourri, déc. polych. 160f

V. de B. Déc. 1904 :

Deux plats, jeune femme et soldat, époque Empire 160f

Plat femme et chien ép. Empire 18f

V. G R. mai 1907 :

Jardinière composition en grisaille. 370f

VIII. LILLE

Fondée par *Jacques Febvrier* en 1696, la manufacture de Lille copia dès le début les faïences de Rouen; puis, peu à peu la décoration se transforme, tout en conservant son caractère rouennais c'est-à-dire des rinceaux et des arabesques s'élevant en réserve blanche sur fond bleu.

La tradition rouennaise continue encore sous la direction du gendre de Febvrier, *François Boussemaert* dont voici plusieurs monogrammes trouvés sur diverses pièces.

Les faïences de Boussemaert se reconnaissent à leur exécution plus correcte et plus soignée que celles des faïences de Rouen; à leur bleu moins intense et à leur modelé plus doux.

On retrouve plus tard à Lille la décoration polychrome, où d'élégants motifs de style rocaille sont exécutés en couleurs nuancées et adoucies par mélange qui contraste avec les tons francs et crus des fabriques rouennaises.

RECHERCHES

V. Macqueron Lazangot, mars 1900:

Soupière couverte ovale à quatre pieds formés de lions *100f*

Bannette rectangulaire, déc. bleu, écoinçons anses torses *200f*

V. Comtesse Fitz-James, Déc. 1902:

Deux statuettes de Chinois en robes vertes. . . . *350f*

V. de B. Déc. 1904:

Petit plat creux, déc. bleu *22f*

IX. LUNÉVILLE, St CLÉMENT

Lunéville et St Clément ont produit des faïences en terre blanche non émaillées, dénommées *Terres de Lorraine* et des faïences émaillées, décorées en couleurs dans le genre de celles de Strasbourg, ou simplement en bleu ou en or.

Ce fut *Jacques Chambrette* qui fonda la manufacture de Lunéville et plus tard celle de St Clément, pour satisfaire aux nombreuses commandes qui lui arrivaient de toutes parts.

Mort en 1758, Chambrette laissa ses fabriques à son fils et à son gendre *Charles Loyal* qui donnèrent à la fabrique de Lunéville, jusqu'en 1772 le titre de « manufacture royale » mais la prospérité de ces établissements dura peu, après 1772 et les propriétaires furent obligés de vendre la faïencerie de Lunéville à *Sébastien Keller*.

Pour continuer l'exploitation de celle de St Clément ils choisirent pour associé le sculpteur *Cyfflé* qui travaillait à Lunéville, auteur de charmantes statuettes si recherchées aujourd'hui.

Ces statuettes sont parfois signées d'un cachet estampé sur la pâte humide et portant en relief les mots

CYFFLÉ
A LUNÉVILLE

Enfin, en 1824, la manufacture de St Clément devint la propriété de *Germain Thomas*.

RECHERCHES

V. Marquis de Thuisy, fév. 1903.

Deux petits porte-fleurs décor doré 240f

X. MARSEILLE

La plus renommée des manufactures de Marseille est celle de *Savy*, qui eut pour titre en 1777 de « *Manufacture de Monsieur* » frère du Roi.

Savy marquait ses faïences d'une fleur de lis

Il parait avoir employé le premier le beau vert de cuivre qui est particulier aux faïences de Marseille.

Les pièces sorties de la manufacture de la veuve *Perrin* portent la marque

Joseph Robert signait quelquefois ses produits en toutes lettres, mais le plus souvent de ses lettres initiales.

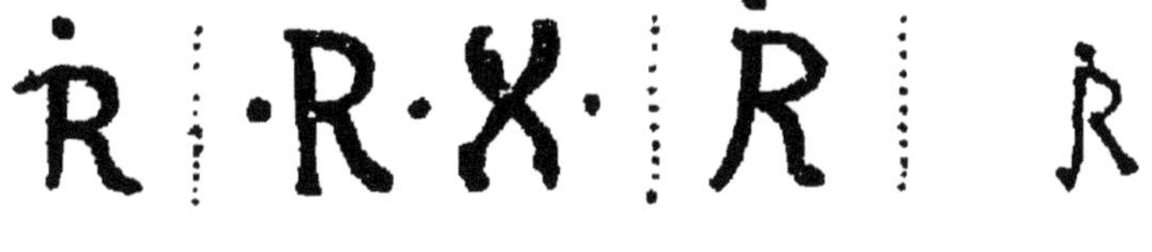

Jacques Borelli signait ses faïences en toutes lettres.

Jacques Borelly

Le décor des faïences de Marseille se compose de plantes marines, d'insectes, de poissons, de coquillages, de fleurs à longues tiges, disposées irrégulièrement et pour ainsi dire jetées au hasard.

Voici encore trois autres marques de Marseille :

R | Gaa | F.

RECHERCHES

V. Monvelle, fév. 1866 :

Plat ovale à bords festonnés et déc. bleu sur fond blanc, au fond : nymphe se baignant et amours 260f

V. de Bryas, avril 1898 :

Statuette : l'amour dit le « Garde-à-vous » de Falconet 180f

V. Souriaux, à Bordeaux, janv. 1899 :

Saucière déc. polych. 140f

Deux sucriers déc. polych. 340f

V. du 3 fév. 1899 :

Surtout oblong, déc. polych. de bouquets de

fleurs (47 × 33 × 95) centimètres 245.f

Pièce de surtout à quatre récipients, forme coquille, supportés par des dauphins, déc. polych de fleurs (25 × 25 × 15) 362.f

Deux petits plats à bords contournés, déc. polych fleurs 375.f

V. Mène, mars 1899 :

Légumier avec couvercle, déc. de fleurs, anses branchages 165.f

V. Chaumont, fév. 1900 :

Six assiettes déc. polych 514.f

V. de Bonnaud, avril 1900 :

Fontaine d'applique décorée en couleurs de l'atelier de la veuve Perrin 500.f

V Vollon, mai 1901 :

Soupière avec couvercle, déc. fleurs, cam. vert 500.f

Légumier à couvercle, déc de fleurs 200.f

V Marquis de Thuisy, Déc 1902 :

Assiette médaillon déc paysage . . . 215.f

V. Comtesse de Fitz-James, Déc. 1902 :

Ecritoire porte-montre rocaille, avec la figure du Temps, déc. polych. et or 350.f

Deux assiettes déc. polych. personnages dans un paysage 200.f

Jardinière déc. polych. de gds bouquets de fleurs 255.f

Vase forme tulipe, décor paysage camaïeu vert 335.f

Deux petits cachepots déc. polych. fabrique de la veuve Perrin 400.f

Jardinière déc polych. de bouquets de fleurs, atelier de la veuve Perrin. 345f

V Lelong, mai 1903.

Service de table déc de fleurs, de l'atelier de la veuve Perrin 4600f

V. G. de la D. nov 1903:

Légumier déc. paysage avec animaux. 175f

V Mame de Tours, avril 1904.

Deux cachepots, de la fabrique de Savy 360f

V I ugier mai 1904.

Dix pièces assiettes et compotiers . 730f

Deux petits cachepots déc. de fleurs 420f

V Baronne Davillier, Déc 1904.

Moutardier avec plateau fixe, décor de poissons 116f

Sucrier sur plateau, déc. polych . . 195f

Deux corbeilles, paysage animé cam. vert.. 305f

Deux assiettes, déc de poissons 118f

Deux cachepots déc fleurs . . . 400f

V de B. Déc 1904:

Jardinière carrée, à déc. d'animaux et d'arbustes (fêlure). 170f

V. de R. avril 1905:

Six assiettes, déc polych. . . . 165f

Jardinière applique, déc polych 150f

V M L. juin 1905.

Jardinière applique déc fleurs 222f

V. Schwitch, mai 1906:

Huit assiettes époque du XVIII e Siècle ornées de paysages 950f

V. Bonvalet, oct. 1906.

Coq formant soupière ou légumier 365f

Assiette avec noix en relief. 300f

XI. MONTPELLIER

Les faïences de Montpellier sont décorées de bouquets polychromes, à longues tiges, au violet de manganèse, dans le genre de celles de Marseille; mais se détachant sur un fond jaune uni d'un ton assez pur.

La manufacture d'où sortent ces faïences, fut établie à Montpellier, vers 1770, par un Marseiliais nommé *André Philip*.

RECHERCHES

V. de B. Déc. 1904:

Légumier à plateau, déc de fleurs ... 155f

XII. MOUSTIERS

La petite ville de Moustiers dans le département des Basses-Alpes est, après Nevers et Rouen le troisième centre de la fabrication de la faïence française.

La faïence de Moustiers ne se distingue pas par une grande variété; mais elle est remarquable par la pureté de son émail d'un blanc laiteux et par la délicatesse et la perfection de son décor.

A la fin du XVIIe siècle, *Pierre Clérissy* vint créer à Moustiers la première manufacture.

Il marquait ses produits

G. viry f: a Moustiers chez Clerissy

Son neveu qui portait le même nom que lui, lui succéda en 1728; il fut anobli par Louis XV, en 1743, et prit le titre de *Seigneur de Trévans*.

Il s'associa à un habile décorateur *Joseph Fouque* et lui céda sa fabrique qui occupait alors vingt-deux peintres, et qui resta la plus importante des fabriques de Moustiers, au nombre de onze.

Un autre fabricant *Oléry* signait les produits de son usine d'une marque peinte en jaune orangé, ou quelquefois en noir ou en bleu et formée d'un O traversé par un L, et précédée ou suivie d'une lettre ou d'un signe indiquant sans doute un nom de décorateur:

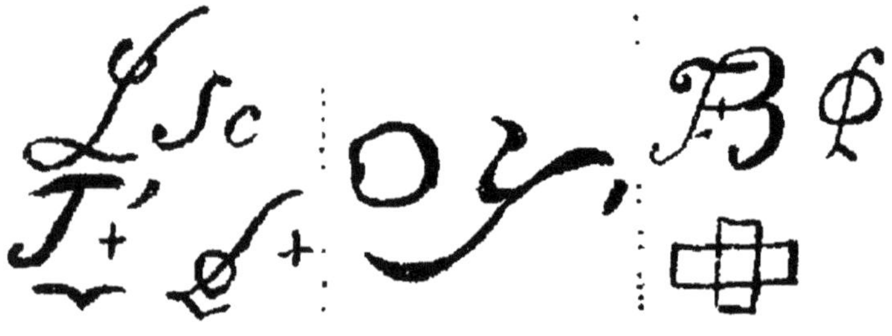

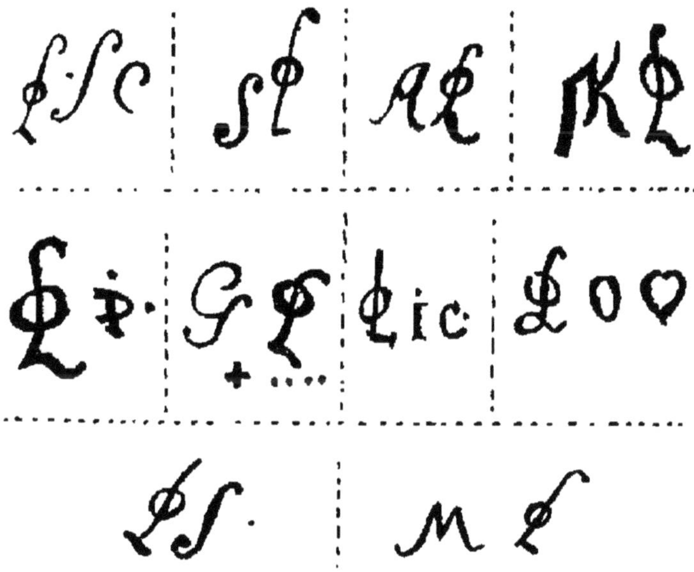

Hyacinthe Roux produisit à la même époque, de nombreuses et remarquables pièces, parmi lesquelles des plats, des vases de pharmacie, des fontaines et d'importants surtout de table qu'il signait généralement de la marque suivante :

Au début, les peintres de Moustiers décorent leurs faïences de scènes représentant des combats des chasses aux bêtes fauves, et de scènes mythologiques; toutes ces peintures sont en camaïeu d'un beau bleu intense. Les bordures également en camaïeu bleu sont copiées sur des frises italiennes de l'époque.

Plus tard, le sujet principal disparaît pour faire place à une décoration exclusivement ornementale, dont les motifs sont empruntés aux dessins de Bérain, de Boulle et de Bernard - Toro sculpteur du roi, et peints, eux aussi, en camaïeu bleu.

Oléry ayant été appelé en Espagne par le comte d'Oranda, pour introduire des améliorations dans sa fabrique d'Alcora, en rapporta la décoration polychrome; c'est alors que commence le décor à scènes mythologiques, peintes dans des médaillons entourés d'une guirlande de fleurs d'une coloration douce et harmonieuse, et associées parfois à de légères bordures de lambrequins et à des rinceaux bleus.

C'est également d'Espagne que vint à Moustiers le genre de décor dit à *grotesque*, lequel ne servit guère qu'à décorer de figurines ridicules des assiettes et des plats peints en jaune et vert, ou vert mélangé de noir ou de manganèse. Quelques uns de ces grotesques posés en motifs isolés sont empruntés à Callot.

Ainsi que Rouen, Moustiers a fabriqué un

grand nombre de pièces armoriées; les armoiries sont placées parfois sur le marli, mais le plus souvent elles occupent le centre du bassin, et sont alors accompagnées d'ornements à lambrequins ou à supports.

Voici quelques autres marques de Moustiers:

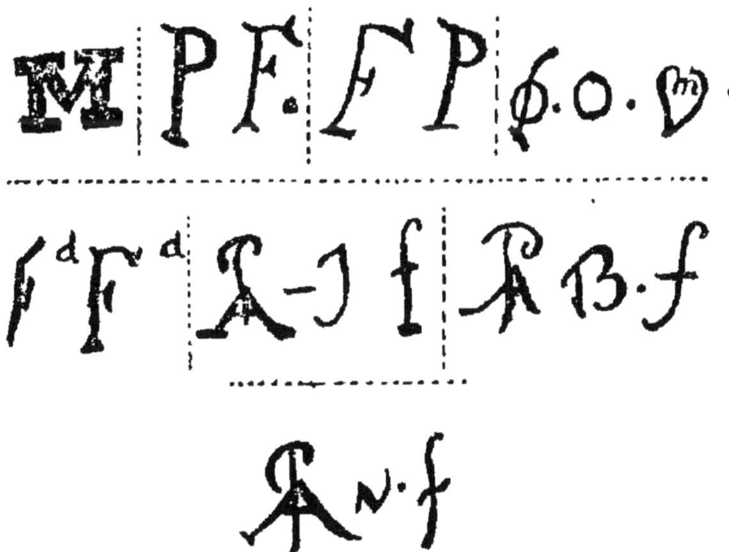

RECHERCHES

V de Neuville, mai 1898:

Jardinière déc. bleu 140f

V. X. mai 1898:

Vasque déc. polych. d'après Callot 390f

Deux gds plats ovales déc. au centre sujet de chasse, d'après Tempesta 860f

V. Souriaux, à Bordeaux, janv 1899:

Plat déc. au centre: satyres prenant leur repas. 250f

V. du 3 fév. 1899.

Jardinière oblongue avec mascarons, sur quatre petits pieds, déc. en cam bleu, d'après Bérain (37 × 27 × 11) 185f

V. Crignon de Montigny, mai 1899:

Plateau octogonal, cam. bleu dans le goût de Bérain 52f

Deux petits plateaux à huit lobes, déc cam bleu, dans le goût de Bérain 75f

Plat oblong, déc cam bleu 100f

Assiette déc polych 100f

Assiette déc polych. au fond médaillon à sujet mythologique 57f

Assiette déc. polych. au fond, sujet mythologique. 82f

Assiette déc polych à grotesque, d'après Callot 70f

Autre assiette déc. d'après Callot . . . 55f

V. Comtesse Fitz-James, Déc. 1902:

Très gd plat dec. cam bleu dans le goût de Bérain 150f

Compotier déc polych. 85f

Deux assiettes déc. polych. de grotesques . . 135f

Compotier déc. cam. bleu, d'après Bérain . . 45f

Plat oblong déc. polych 180f

Deux petits cachepots cylindriques, déc. polych. 230f

V. M. de R., Déc 1903:

Assiette déc. polych 200f

Cinq assiettes analogues à la précédente . . 905f

Gd plat déc à grotesques 102f

Cinq assiettes déc de chasses et de personnages mythologiques polych 840f

Plat ovale déc. vert, d'après Callot 147f

V X, mars 1904 :

Bassin ovale : Vénus et trois amours . . . 185f

Assiette déc. polych Mars et Vénus 120f

V. Mame, avril 1904 :

Bassin déc. bleu 510f

V. Rougier, mai 1904 :

Plat décoré en bleu d'un sujet de chasse 610f

V Baronne Davillier, Déc. 1904 :

Gd cachepot déc. bleu 140f

Gd plat ovale, déc. bleu, sujet de chasse . . . 2000f

Écuelle avec couvercle, déc. de compartiments à sujets mythologiques 835f

Moutardier avec couvercle. Orphée et les animaux 170f

V de B. Déc. 1904.

Chauffe-main forme livre, déc d'armoiries. 600f

V. Hakki-Bey, mars 1906 -

Plat, au fond personnages et oiseaux . . 58f

XIII - NANCY

La manufacture de Nancy fut fondée en 1774 par *Nicolas Lelong*. C'est dans cette manufacture que le célèbre sculpteur *Clodion* (né à Nancy en 1745, mort en 1814) exécuta en grande partie ses charmantes terres cuites, qui font aujourd'hui l'admiration des amateurs.

XIV. NEVERS

La première manufacture connue à Nevers est celle dirigée par *Scipion Gambin*, vers 1590, dont les faïences rappellent, par la forme, le décor et l'exécution, les faïences d'Urbino et de Faenza; les sujets dessinés au violet de manganèse, représentent toujours des scènes mythologiques, ou des faits puisés dans l'histoire romaine ou dans l'Ancien Testament.

Cette fabrication cesse avec les frères *Conrade* qui s'établirent à Nevers, rue St Genest en 1608 et qui, venant de Savone, en apportaient le genre tout nouveau du décor en camaïeu bleu, dont les motifs sont empruntés aux porcelaines orientales qui commençaient alors à se répandre en Europe

Plusieurs pièces décorées dans le genre de Savone, portent la marque suivante :

De Conrade
A Nevers

Les produits les plus parfaits qui soient sortis des manufactures de Nevers sont certainement ceux de *Pierre Custode*, à l'enseigne de l'Autruche.

Pierre Custode s'établit à Nevers vers 1632; ce fut lui qui fabriqua ces belles faïences à fond bleu de Perse, décorées en blanc fixe, d'arabesques, d'animaux, de fleurs et parfois de personnages.

A cette période se rapportent également les faïences à fond jaune, décorées de fleurs en blanc fixe, rehaussé de bleu. C'est à cette époque que l'on trouve sur certaines pièces de faïence de Nevers, notamment sur des statuettes, la signature du décorateur *Henri Borne*:

H B
1689

Au commencement du XVIIIe siècle, on fabriqua à Nevers des statuettes de saints et de saintes et surtout, par milliers des assiettes grossièrement enluminées, et portant, avec la date de fabrication, la figure du *Saint* patron de la personne à laquelle on les destinait. On fit aussi des gourdes de voyage de formes variées, des plats, des salières, des saladiers ornés de scènes copiées sur des images populaires et souvent grivoises et accompagnées d'inscriptions d'une ortographe de fantaisie.

Dans la deuxième moitié du XVIIIe siècle, *Philippe Haly* fabriqua des assiettes et des corbeilles ajourées, décorées de bouquets détachés et chargées de fruits ou d'œufs modelés en relief souvent avec une véritable perfection.

Haly signait en toutes lettres, avec la date :

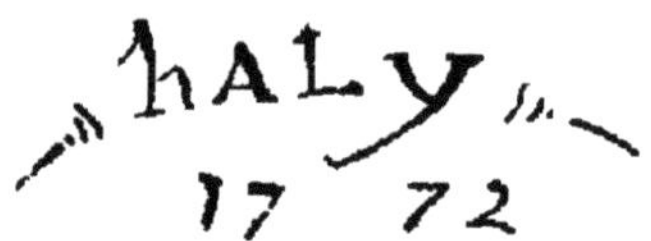

Pendant la période révolutionnaire, on fit à Nevers des faïences connues sous le nom de *faïences patriotiques*, coloriées grossièrement et sans valeur artistique.

Ci-dessous, quelques autres marques de Nevers :

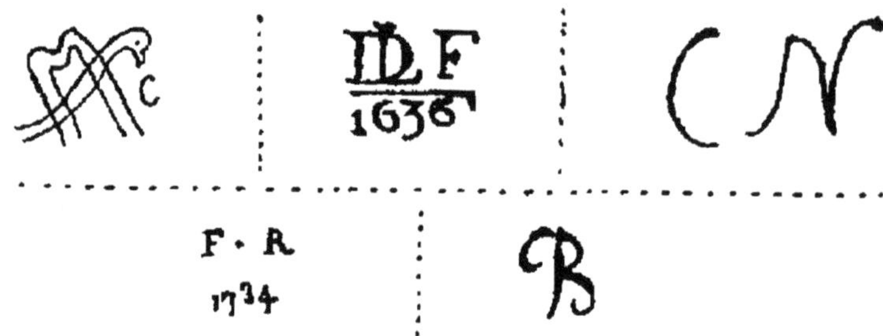

RECHERCHES

V. de Neuville, mai 1898 :

Vase avec anses à tortillons, couvercle forme bouquetière, XVIe siècle 300f

V du 3 fév. 1899 :

Petite jardinière ovale à trois pieds, avec anses torses, décorées en blanc fixe sur fond

bleu de Perse (30 x 16) 100f

Deux gds cornets à huit pans, déc bleu de manganèse, dans le goût chinois (H. 0.47) . . . 600f

Grande bouteille rafraichoir à long col sur piédouche décorée en polych. de nombreux sujets, avec devises et inscriptions diverses; datée 1758 (H. 0.42) 335f

V. Crignon de Montigny, mai 1899:

Ecce homo, plaque déc polych. 100f

Assiette à large marli, au fond, chasse et armoirie 760f

V. Maqueron-Larangot, mars 1900:

Deux bouteilles allongées, déc bleu 300f

Assiette à bords contournés, joueurs de paume, avec loge et spectateurs, nom patronymique - Carré, 1757. . . . . 195f

V. mai 1900:

Bouteille décorée en blanc sur bleu 155f

Assiette déc. blanc sur fond bleu 195f

" *fleurs et oiseaux, en blanc et ocre sur bleu* 375f

V. Comtesse de Fitz-James, Déc. 1902:

Deux bustes déc. polych. (H. 0.55) Antoine et Cléopâtre 3215f

Très grande vasque ovale godronnée, à anses, déc. cam. bleu de gds bouquets de fleurs (0 60 x 0 90) 710f

Gde jardinière à anses torses, déc polych. . . 210f

Petite jardinière oblongue, décor cam. bleu 75f

V. nov. 1903 :

Gd plat rond déc. cam. bleu 740f

V. Mame, avril 1904 :

Gde bouquetière anses serpents, décor bleu style chinois 580f

Gd plat aux armes d'un archevêque 1030f

Vase avec couvercle, déc. bleu et blanc sur fond orange 3150f

Bouteille de pharmacie, déc. blanc sur fond bleu 705f

Deux bouteilles fleurs et oiseaux en blanc et orangé sur fond bleu 2900f

Petit vase fleurs et oiseaux en blanc et orangé sur fond bleu 405f

Hanap fleurs et oiseaux blancs sur fond bleu 190f

Bassin fleurs et oiseaux en couleurs sur fond bleu 100f

Plat ovale fleurs en blanc sur fond bleu. 90f

V. Béeche, mai 1904 :

Bouteille déc vert de cuivre, avec bande jaune surchargée de dessins noirs 718f

Petit plateau à déc. polych. enfants jouant dans un paysage 85f

Potiche déc. polych 195f

V. Baronne Davillier, Déc 1904 :

Gd plat rond, fleurs et oiseaux en blanc fixe sur fond bleu de Perse 800f

Deux potiches avec couvercles, sujets mythologiques en bleu 2950f

V de B Déc. 1904 :

Plat déc. bleu, personnages et armoiries de la famille d'Aligre 80f

Compotier fond bleu (restauré) 49f

Cachepot, branches, oiseaux et mouchetures sur fond bleu 105f

Gourde déc. bleu, personnage style chinois . . 365f

Jardinière ovale, branches fleuries en blanc fixe sur fond bleu (restaurée) 230f

Petite potiche déc chinois sur fond bleu. 125f

Jardinière ovale, branches fleuries et oiseaux en blanc et orangé sur fond bleu (restaurée) . . 210f

V. Schiff, mars 1905 :

Gourde déc polych 665f

Deux bouteilles déc bleu et violet, style chinois 340f

Petite jardinière, déc. blanc sur fond bleu. 160f

V X. nov 1905 :

Gd vase formant fontaine. 280f

V. Bonvalet. oct. 1906 :

Plat rond déc en blanc sur fond bleu . . . 365f

Bannette décorée en couleurs, au centre, paysage avec pagode dans le goût chinois. 170f

---

XV. ORLEANS

On produisait à Orléans des faïences dans le genre de celles de Strasbourg, ornées de chinois; des statuettes, des poteries en pâte marbrée, imitant les terres anglaises, des faïences bleues et aussi des porcelaines dont il sera parlé plus loin.

Les très rares pièces de faïence d'Orléans qui sont marquées, portent un O couronné :

XVI. PARIS

Les produits de la manufacture de Paris ont beaucoup de ressemblance avec ceux de Rouen.

Ce qui distingue les produits de la fabrication parisienne, dans la première moitié du XVIIIe siècle, c'est la pâte lourde, l'émail un peu bis, et le dessin vigoureusement accentué et tracé en noir, que le décor soit exécuté en camaïeu bleu, ou peint en noir.

Dans les faïences polychromes, le rouge de Rouen est remplacé par un jaune citrin assez éclatant qui rappelle celui de *Sinceny*, sans toutefois être aussi opaque.

Les lambrequins de Rouen servent de bordure, mais ils sont généralement isolés les uns des autres.

Digne, dont la manufacture était située rue

de la Roquette, a produit une série de remarquables vases et de bouteilles de diverses formes, portant tous les armes de la famille d'Orleans.

Dans la deuxième moitié du XVIIIe siècle, la fabrication s'amelliore ; ce sont surtout des fleurons imités de Rouen qui dominent dans l'ornementation.

Enfin les faïenceries de Paris disparaissent à la fin du XVIIIe siècle.

Beaucoup de pièces de fabrication parisienne sont marquées :

XVII. QUIMPER

On reconnait facilement les faïences de Quimper à leur pâte plus lourde que celle de Rouen, à leur dessin tracé au violet de manganèse, à leur émail un peu bis.

La première fabrique de Quimper fut fondée vers 1690, mais elle ne prit de l'importance qu'à partir de 1743, sous l'habile direction de *Pierre Caussy*, fils d'un faïencier de Rouen

C'est la décoration polychrome qui domine dans les faïences de Quimpér, vers le milieu du XVIIIe siècle, avec les décors à la corne, aux carquois, et les bordures quadrillées imitées de Rouen.

Quelques pièces de cette époque sont marquées d'un

C

lettre initiale de Pierre Caussy.

La famille *de la Hubaudière* possède à Quimper, depuis 1809, une fabrique renommée pour ses poteries vernissées, marquées d'un H inscrit dans un triangle et surmonté d'une fleur de lis.

La manufacture moderne de Quimper marque ses produits

HB HB

XVIII. RENNES

C'est à Rennes, dans la manufacture que *Jean Forasassi* dit *Barbarino*, établit en 1748, que furent faites ces statuettes de Vierge, de St Yves et autres saints que l'on trouve en grand nombre en Bretagne.

Quelques-unes de ces statuettes que l'on plaçait dans de petites niches, ou que l'on fixait à la façade des maisons pour les préserver de la foudre, sont de fabrication assez soignée

Bientôt après, un autre manufacturier : *Bourgouin*, fonda une fabrique rue Hue, d'où sortirent de remarquables pièces signées en toutes lettres, avec la date de fabrication.

Fecitte P. Rennes
Bourgoüin ce 12 8bre
1763

Dans les faïences de Rennes, l'émail est d'un beau blanc laiteux ; le décor est fait de violet de manganèse foncé et de vert rappelant celui de Marseille, mais il est plus sombre que ce dernier.

Les formes à relief de rocaille sont très pures et paraissent, surtout dans les assiettes, avoir été moulées sur des pièces d'orfèvrerie.

XIX. ROUEN

Rouen occupe le premier rang en France, dans l'histoire de l'industrie des faïences, non seulement par l'importance de ses manufactures, mais aussi par la perfection artistique que les faïenciers de Rouen ont atteint, surtout au commencement du XVIIIe siècle.

C'est vers le milieu du XVII e siècle, en 1644, que la première manufacture paraît avoir été établie à Rouen; c'est celle de *Nicolas Poirel sieur de Grandval*, huissier du cabinet de la Reine, à qui succéda bientôt *Edme Poterat*.

Sur plusieurs pièces sorties de la fabrique de Edme Poterat, on trouve cette mention:

faict a Rouen
1647

Comme à Nevers, on commença par fabriquer à Rouen, des plats, des assiettes à larges bords, décorés en camaïeu bleu de motifs détachés: fleurs, oiseaux, chimères, imitant les décors de Savone, ou des porcelaines orientales.

Ce n'est que vers la fin du XVII e siècle, que l'on commença les décors dits à lambrequins, ou à broderies, dont les motifs alternés étaient empruntés aux dentelles, aux étoffes, ou aux fleurons et culs-de-lampe des livres de l'epoque.

Le decor à lambrequins fut d'abord exécuté

en camaieu bleu, il se composait le plus souvent de deux motifs alternés, reliés entre eux et répétés de façon à former la bordure sur le marli des plats et des assiettes, ou sur le pourtour des objets de forme cylindrique. Le centre des plats et des assiettes était occupé par un fleuron qui a subi de nombreuses variations; il se composait, en principe, d'un motif un peu chargé représentant des fleurs et des palmettes en rinceaux se détachant en réserve sur fond bleu. Une moitié du décor retournée et répétée, servait à constituer l'autre moitié; cette répétition symétrique est un des caractères distinctifs du décor bleu rouennais.

Un grand nombre de pièces de cette époque, portent des armoiries peintes également en camaieu bleu.

Le décor polychrome commença à être exécuté à Rouen, vers la fin du XVIIe siècle, dans les décors dits *à ferronnerie*, où l'on trouve comme une reproduction des beaux ouvrages en fer forgé de l'époque.

Les spécimens de ce décor sont assez rares

On doit à *Guillibeaux* la création d'un décor particulier, qui apparait un peu plus tard.

Ce décor aux couleurs éclatantes, appliqué surtout sur des plats et des assiettes, est reconnaissable aux bordures dont les dessins quadrillés vert et rouge sont coupés par des réserves de bouquets ou de fleurs détachées, d'un très gracieux effet

Guillibeaux marquait ses faïences :

M. Guillibeaux

Vers le milieu du xviiie siècle, les faïenciers rouennais, s'inpirant du genre rocaille si à la mode à cette époque, donnent à leurs faïences des bordures irrégulières et emploient dans la décoration intérieure, le carquois, les arcs, les flèches, les torches, les trophées d'armes et d'instruments de musique, etc..

La dernière ornementation des faïences de Rouen, qui jouit alors d'une grande vogue, fut le décor dit *à la corne*.

Ce décor est formé par une corne d'abondance d'où sortent des tiges de fleurs accompagnées de papillons, d'insectes, où le jaune et le rouge dominent.

Beaucoup de pièces de Rouen portent la signature ou le monogramme de peintres, dont voici la reproduction.

Borne
Pinxit
Anno
1738

Pinxit

·1736·

·CB·

RECHERCHES

V. d. 6 mars 1898 :

Plat rond à déc bleu *465f*

V. X mai 1898 :

Deux assiettes déc polych . *105f*

Gd plat rond, déc en bleu *200f*

Plat octogonal, déc. polych. à sujets siamois. *245f*

Gd plat déc corbeille de fleurs, bordure fond bleu à fleurs et fruits *235f*

V. Souriaux à Bordeaux, janv 1899 :

Gde fontaine et sa vasque, déc polych *103f*

V. 3 fév. 1899 :

Jardinière applique demi-circulaire, à côtes, déc. polych. de rocaille, fleurs, oiseaux, avec paysage en cam. bleu (0,27 × 0,17). . . *380f*

Petit cartel porte-montre, déc. polych. rocaille, sur le devant femme accompagnée d'un lion (H. 0.28) 105f

Porte-huilier déc. bleu et rouge de corbeilles fleuries dans des réserves et ornements divers 145f

Gde bannette déc. polych., à la corne tronquée (0.43 x 0.28) 200f

Pichet déc. cam. bleu : sur la face, un tailleur sur son établi, avec son nom : « Henry Catilon » lambrequins, oiseaux et ornements divers (H. 0.29) 110f

Gd plat ovale, déc polych à la double corne (0,45 x 0.33) 150f

Autre gd plat semblable (0.48 x 0.36) 190f

V. Mène, mars 1899 :

Bannette à déc bleu et rouille 285f

Gd plat rond déc. bleu 280f

Plat rond à bords festonnés, déc. à la corne tronquée et à la haie fleurie 200f

Deux petits vases, déc. de lambrequins et guirlandes 165f

Petit plat long déc au dragon 170f

Fontaine-applique, déc. au dragon. 285f

Socle-applique présentant le triomphe d'Amphitrite 180f

V. Crignon de Montigny, mai 1899 :

Assiette déc. cam. bleu, armoiries des Maillebois 700f

Assiette déc. polych 105f

Autre assiette déc polych 110f

Assiette à bords contournés déc. polych , 280f

" " " déc polych au fond, deux canards 85f

Assiette à bords contournés déc. polych. de Guillibeaux 85f

Assiette à bords contournés déc. polych. sujet chinois. 115f

Compotier déc polych sujet chinois . . . 90f

Assiette déc. polych. personnages chinois. 130f

" " , rocaille 80f

" " " au fond trois oiseaux. 115f

V. Chaumont, fév. 1900 :

Quatre assiettes. déc polych à la corne . 193f

Trois petits compotiers dentelés, déc à la corne 115f

V mai 1900 :

Gd plat rond déc polych. rehaussé de jaune d'ocre, au centre un panier de fleurs . . . 225f

Gd plat déc. bleu, motif rayonnant 155f

Plat rond déc. d'attributs de l'amour . . 100f

Deux vases à panses sphériques, fleurs sur fond bleu 290f

Sucrière déc. bleu et rouille 190f

V. Lizé, mars 1901 :

Gd plateau déc. polych. à sujet tiré de l'histoire ancienne 380f

V. Monginot, avril 1901 :

Bannette à déc. polych corbeille au centre . 350f

Trois plats ovales et un rond, déc. polych. à la corne. 181f

V de Mornay, oct. 1902:

Bouteille à lambrequins bleus 107f

Deux petits lions couchés sur socles 180f

Pichet figure de St Laurent, au nom de Laurent Déroche et la date 1767 . . . . . . 240f

V. Comtesse de Fitz-James, Déc 1902:

Gd légumier et plateau déc. polych. composé de quadrillés, fleurs et ornements divers (0 47 x 0.35) 2000f

Assiette à bords contournés, déc. polych 155f

Gd plat déc polych. 230f

Assiette déc. polych à la corne 40f

" " " à la pagode 90f

" " " à la corne tronquée. 75f

Grande jardinière ronde déc cam bleu . . . 205f

Deux bouteilles côtelées, déc cam bleu 760f

V. Marquis de Thuisy Déc. 1902:

Assiette déc. chinois 100f

" déc. à personnages 100f

Compotier, vue de port de mer, atelier de Levavasseur. 335f

V. Deleuze, fév. 1903:

Plat rond à déc. bleu sur fond blanc, ép. Louis XIV 400f

Aiguière casque, déc. bleu 1220f

V. Lelong, avril 1903:

Plaque sur table en bois sculpté 3100f

Deux jardinières-appliques, style chinois. 180f

Ecritoire à couvercle et à tiroir, décor bleu 580f

V Mahon, janv. 1904 :

Fontaine formée d'une statuette de Bachus sur un tonneau 105f

V.X. mars 1904 :

Assiette à déc bleu et rouge. . . . 132f

Deux plats, déc au carquois 147f

Bannette style chinois . . . 780f

Gd plat rond déc bleu 107f

Gd plat rond déc. bleu, armoiries. . . 1210f

Bassin rond, déc. polych. 770f

Plateau oblong, déc. polych. 800f

Plat creux, déc. bleu et rouge, style chinois. 1265f

Gd plat rond, à déc. bleu et rouge, rosace au fond, lambrequins au marli . . . 5905f

V. Mame, avril 1904 :

Gd plat déc. bleu, au centre : deux enfants nus 2080f

Gd plat déc. bleu, au centre un écusson . . 2450f

Quatre assiettes, déc à la corne . . 210f

Deux assiettes, déc. à la double corne . . . 700f

V. Beéche, mai 1904 :

Petit flacon déc. bleu. 215f

Assiette déc. polych. de branchages fleuris. 60f

» » » *branchages, oiseaux, et papillons* 90f

Assiette déc. bleu de motifs de ferronnerie 100f

Gd plat déc. bleu, au fond un cygne dans les roseaux. 310f

Gd plat ovale à déc. bleu, au milieu, médaillon avec rinceaux et motifs de ferronnerie 760f

Gd plat ovale déc. bleu, au milieu un écusson armorié, surmonté d'une couronne de marquis (fêlure) 500f

Paire de cachepots avec pieds et oreilles déc. bleu de lambrequins, avec glands ou arceaux. 500f

V. de B. Déc 1904 :

Assiette et compotier, déc. à la corne . . 702f

Deux assiettes décorées de bouquets de fleurs 65f

Assiette déc. à la corne tronquée 50f

" au fond cariatide supportant un panier de fruits 315f

Deux assiettes décorées, l'une d'oiseaux, d'insectes et de branches fleuries, et l'autre au carquois 92f

Assiette décorée de cartes à jouer 855f

" présentant une réserve entre un vase et une corne d'abondance 67f

Assiette . cygne dans les roseaux (fracture) 52f

" corne d'abondance, attributs de chasse et rocailles 380f

Plat creux, branches fleuries et oiseaux (ébréché) 480f

Assiette, déc. en plein femme chinoise 730f

" présentant quatre enfants nus, jouant dans la campagne (fracture) 440f

Assiette, au centre un panier de fleurs sur un motif quadrillé 100f

Assiette, combat de coqs (intacte) . . . 800f

Compotier, déc. à la pagode . . . 44f

Assiette déc. à la haie fleurie, avec oiseaux et animaux fantastiques, style chinois, marque de Guillibeaux 100f

Quatre assiettes, roseaux au centre et bande de rinceaux au marli, en noir et jaune clair (deux restaurées) 3350f

Assiette déc en couleurs, motif rayonnant 1880f

Assiette décorée d'oiseaux, sur un motif de rocaille (fêlure) 180f

Assiette, divinité sur un oiseau chimérique. (fêlée et restaurée) 430f

Plat à bords festonnés, déc. à la pagode, marque de Guillibeaux 55f

Plat à bords contournés, au centre papillon au milieu d'une couronne de fleurs, marli orné de quadrillés, avec armoiries à la partie supérieure, marque de Guillibeaux. (restauré) 500f

Gd plat déc. bleu à rehauts de couleurs, au centre, double écu d'alliance, timbré d'une couronne de comte (restauré) 270f

Bassin oblong, oiseaux, insectes et branches fleuries 78f

Bassin oblong, orné d'un paysage animé, style chinois 160f

Bannette oblongue à déc de branchages fleuris et d'insectes 285f

Bannette octogonale, au fond un vase de fleurs, à la chute, branchages sur fond bleu 560f

Bannette oblongue, au fond scène familiale, bordure bleue 2500f

Plaque rectangulaire décorée d'une corbeille de fleurs placée entre deux draperies sur fond gros bleu, (brisée). . . 225f

V. Rey, juin 1905 :

Porte-huilier déc. bleu et rouge 39f

V. Hakki-Bey, mars 1906 :

Plat déc polych. d'une corbeille fleurie, (restauré) 28f

Assiette déc. polych corbeille fleurie 37f

Paire de flambeaux, déc. à relief bleu . . . 120f

Cachepot déc. en bleu, rouille, vert et jaune. (fracturé) 190f

V Delore, Déc. 1906 :

Vase carré à pans coupés, déc polych. . 1051f

Deux petits souliers, déc. polych 115f

XX. St AMAND-LES-EAUX

St Amand-les-Eaux (Nord) a fabriqué une grande quantité de faïences ; quelques-unes imitent franchement celles de Rouen ou de Strasbourg ; d'autres, d'un genre porcelaine sont remarquables par la perfection de leur décor, parfois rehaussées d'or ; mais les plus remarquables sont celles qui sont décorées de motifs d'une grande délicatesse, exécutés en émail blanc, accompagnant des bouquets peints ou des fleurs détachées.

Parfois le fond est bleu, décoré simplement de rehauts blancs.

Les faïences de St Amand ont pour marque le monogramme de *Pierre Fauquez*, directeur de la fabrique.

Plus tard, lorsque la manufacture se mit à faire de la faïence fine, sa marque se modifia de la façon suivante, par l'addition des lettres S.A (St Amand).

XXI. St. CLOUD

La manufacture de St Cloud fondée par *Chicanneau* et ses fils à la fin du XVIIe siècle prit bientôt une grande importance.

On commença par y copier les décors bleus

à lambrequins et les bordures de Rouen, en les cernant d'un trait noir, comme à la manufacture de Paris ; mais bientôt on y ajouta des motifs originaux qui consistaient surtout en grands rinceaux de fleurs fantaisistes, peints en camaïeu bleu et légèrement modelés, partant d'un culot central pour couvrir tout le bassin des plats ronds ou ovales.

Après sa mort, Chicanneau eut pour successeur *Trou* qui épousa sa veuve.

La marque de Trou est la suivante qui doit se lire *St* Cloud Trou:

XXII. St. OMER

St Omer fabriqua comme Bordeaux, un grand nombre de pièces figuratives : canards, poules, etc., en même de la vaisselle : legumiers, soupières, en forme de légumes, et dont la fabrication était très soignée. Beaucoup de ces pièces portent la mention : « *A St Omer* » avec la date « *1769* ». D'autres sont simplement marquées d'un H

XXIII. SCEAUX

Placée sous la protection du *duc de Penthièvre* grand amiral de France, la manufacture de Sceaux fut dirigée d'abord par *Chapelle* membre de l'Académie royale des Sciences et ensuite par l'habile sculpteur ornemaniste *Richard Glot*, qui céda, en 1794, la manufacture de Sceaux à *Antoine Cabaret*.

Sous la direction de Glot, la faïencerie de Sceaux produisit des œuvres remarquables en pâte fine enrichies de moulures et de reliefs, et décorées avec beaucoup d'art, de figures, de fleurs, d'oiseaux et d'arabesques rehaussés d'or.

Sceaux a d'abord marqué ses produits des lettres initiales de *Sceaux-Penthièvre* seules ou accompagnées de l'ancre du grand amiral, ou même de l'ancre seule :

et plus tard de l'empreinte suivante, imprimée à la vignette :

RECHERCHES

V. du 3 fév 1899 :

Jardinière forme éventail sur socle ajouré déc. polych. de guirlandes de fleurs et feuillage (0.23 x 0,195) 800f

Vase brûle-parfum couvert, forme ovoïde aplatie sur pieds en forme d'arceaux, déc. polych. de bouquets de fleurs sur fond blanc crémeux. (H. 0.25). 400f

V. Crignon de Montigny, mai 1899 :

Assiette polych., au fond, un oiseau . . . 125f

V. Macqueron-Lorangot, mars 1900 :

Deux vases ovoïdes, ép. Louis XVI, têtes de boucs en relief, déc. polych. 350f

V Comtesse de Fitz-James, Déc. 1902.

Jardinière éventail déc polych. sujet familial et oiseaux sur des branches 620f

V Maine, avril 1904 :

Vase à sujet familial et oiseaux, monture bronze 710f

V. de B. Déc 1904 :

Deux jardinières carrées décorées en couleurs de paysages animés 600f

Jardinière demi-circulaire : paysages animés au bord de la mer. (restaurée) . . . 2350f

V. Comtesse de L. nov. 1905 :

Deux jardinières porte-bouquets, déc. en couleurs et en dorure, de petits médaillons 1515f

XXIV - SINCENY

La fabrique de Sinceny fut fondée en 1735 par *de Fayard seigneur de Sinceny*, qui en confia la direction à un Rouennais · *Pierre Pellevé*.

Pierre Pellevé amena avec lui un certain nombre d'ouvriers de Rouen, qui apportèrent dès le début les décors et les procédés de fabrication rouennais ; aussi est-il assez difficile de distinguer à première vue les produits de Sinceny de ceux de Rouen. Toutefois on reconnaît les faïences de Sinceny à l'émail un peu bleuté et au rouge presque toujours légèrement glacé, tandis que dans celles de Rouen, le rouge est mat.

Plus tard on introduisit dans la décoration des faïences de Sinceny, des copies des décors chinois de Guillibeaux de Rouen ; mais les personnages y portent des robes d'un jaune franc et pur qui est comme la note caractéristique des faïences de Sinceny.

Ci-dessous les marques de Sinceny :

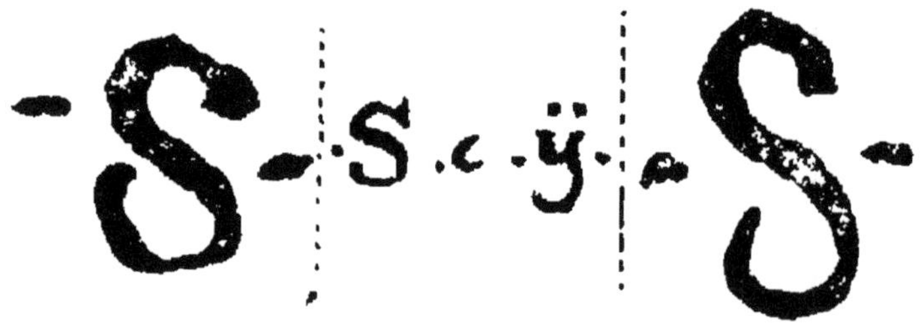

RECHERCHES

V. du 3 fév. 1899 :

Bouquetière quadrangulaire à cinq tubulures, déc. polych. de personnages et de fleurs, dans le style chinois (H. 0,16) 220f

V. Larochelle, à Meudon, avril 1900 :

Soupière avec couvercle 100f

Deux plats à bords contournés, décor polych 125f

V Beéche, mai 1904 :

Assiette déc. polych, à droite deux Chinois, à gauche un coq. 200f

---

XXV. STRASBOURG

La manufacture de Strasbourg fut fondée par *Charles Hannong*, vers 1709, et ne fabriqua dès le début que des pipes et des poêles imités de ceux de Nuremberg.

Vers 1721, Hannong s'associa *Wackenfeld* qui venait de la manufacture de Meissen et fabriqua simultanément des faïences et des porcelaines. Quelques années après il fit construire une autre usine à Haguenau, à vingt-huit kilomètres de Strasbourg.

En 1732, il céda ses deux fabriques à son fils Paul ; celui-ci donna tous ses soins à la fabrication de la porcelaine et la perfectionna à un tel point qu'en 1750, il porta ombrage à la manufacture de Vincennes (plus tard manufacture royale de Sèvres) et dont les propriétaires, voyant leur réputation et leurs intérêts compromis, obtinrent du roi un arrêté défendant à Paul Hannong de continuer sa fabrication et lui donnant ordre de démolir ses fours dans la quinzaine.

Paul Hannong fut donc obligé de s'expatrier, et transporta sa manufacture à Franckenthal, dans le Palatinat.

La fabrication de la faience continua néanmoins aux deux manufactures sous la direction de son fils Pierre Hannong à qui succéda bientôt Joseph, frère de ce dernier.

Celui-ci dut cesser sa fabrication vers 1784, par suite d'embarras financiers et il se retira à Munich où il mourut dans la misère

Quant à la manufacture de Hagueneau, elle n'a jamais cessé d'exister et elle continue encore actuellement sa fabrication, mais sans produire de pièces artistiques.

La faïence de Strasbourg se distingue par la vivacité de ses couleurs, notamment le rouge et le carmin, et par la pureté de son émail d'un beau blanc laiteux. La décoration se compose de bouquets, surtout de roses, de pivoines, de tulipes, d'œillets, de jacinthes, d'une belle et franche coloration, tantôt modelés avec une grande finesse, tantôt au moyen de traits noirs et de hachures fines, recouvertes d'une teinte plate transparente.

On décora également à Strasbourg beaucoup de pièces, surtout des assiettes, des plats, des saucières, avec des Chinois grotesques pêchant à la ligne ou fumant de longues pipes.

Sinceny, Marseille et Orléans ont beaucoup imite ce genre de décoration.

Strasbourg à fabriqué également quantité de pièces artistiques en dehors des vaisselles de table : des pendules, cartels, vases, appliques, consoles, etc., décorés en relief et souvent à rehauts d'or

Les faïences artistiques de Strasbourg sont marquées des monogrammes des Hannong, parfois accompagnés du numéro d'ordre de la fabrication.

Marque de Paul Hannong.

PH | PH

Marques de Joseph Hannong:

H 4283 | H 1785 | H 472

Suite des marques de Joseph Hannong.

H 20 | H 545 | HK | H 12 30 | H 79

RECHERCHES

V. Monginot, avril 1901 :

Soupière ovale et plateau, ornement rocaille, en relief, déc. de fleurs en couleurs avec bordure en violet 490f

V. Comtesse de Fitz-James, Déc 1902 -

Jardinière applique forme rocaille, déc polych. par Joseph Hannong . 255f

V. de R. Déc. 1903 :

Trois assiettes de la manufacture de Paul Hannong 175f

XXVI - VARAGES

Les produits de Varages se confondent avec ceux de Moustiers dont ils ont emprunté la décoration.

On ne les distingue guère que par leur marque spéciale reproduite ci-dessous

Il existait encore en France quelques manufactures de faïence de second ordre dont voici les marques :

AIRE

h

LYON

L. P. S.

MONTAUBAN

LPQ

POITIERS

F·F

TOURS

VALENCIENNES

§ 2e ALLEMAGNE

I. ANSPACH

Anspach a produit des faïences caractérisées par l'imitation des décors de Rouen.

Malgré la similitude qui existe entre le décor de Rouen et celui d'Anspach, il est facile de reconnaître les faïences de cette dernière manufacture, à la différence qu'il y a dans la qualité du bleu : le bleu d'Anspach est un peu opaque, il n'a pas la transparence ni l'éclat du bleu de Rouen, il est d'un ton plus lourd, plus uni et forme parfois une légère dépression dans l'émail.

Les faïences d'Anspach sont souvent marquées :

A ⋮ A

II. BAIREUTH

On retrouve dans les produits de Baireuth le décor bleu de Nuremberg, mais moins franc et quelquefois un peu ardoisé, avec souvent des rehauts de jaune et de violet

Baireuth a surtout copié des décors japonais sur un grand nombre de pièces de formes originales : des vases à galeries, des coupes en forme de botte, des porte-bouquets, etc.

Les faïences de Baireuth sont souvent marquées de la lettre initiale B du nom de la ville, avec la lettre initiale du nom du fabricant.

B K.

Parfois elles portent le mot Baireuth en toutes lettres.

III. FRANKENTHAL

Les faïences de Frankenthal n'offrent aucun intérêt particulier au point de vue de la fabrication, ni du décor. Elles ressemblent à celles de Strasbourg; l'émail cependant est moins blanc.

Elles portent la marque de Paul Hannong qui fonda la manufacture de Frankenthal lorsqu'il fut obligé de quitter Strasbourg.

IV. HÖCHST-SUR-LE-MEIN

On fabriquait concurremment à Höchst-sur-le-Mein, de la porcelaine et de la faïence.

Ces dernières, très recherchées des collectionneurs, à cause de leur perfection, se reconnaissent à leur marque tirée du blason de l'archevêque de Mayence et figurant une roue accompagnée de la lettre initiale du décorateur ; parfois aussi la roue est seule.

Marque de Zeschinger, l'un des plus habiles décorateurs de la fabrique

Marque de Deihl. *Marque de Gelz*

V. KUNERSBERG

Kunersberg a produit des faïences d'une belle fabrication, marquées le plus souvent en toutes lettres

Künersberg

et parfois comme ci-dessous.

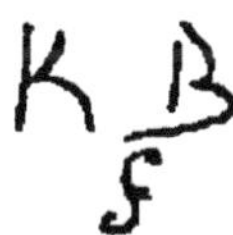

Les faïences de Kunersberg sont ornées de bouquets peints en couleurs, bien exécutés et d'un aspect très décoratif.

VI. NIEDERWILLER

Le baron *Jean-Louis de Beyerlé*, conseiller du roi et directeur de la monnaie de Strasbourg fonda vers 1754, une importante manufacture de faïence à Niederwiller, village de l'arrondissement de Sarrebourg.

De nombreux artistes et ouvriers des fabriques de Strasbourg et de Haguenau furent attachés à Niederwiller où ils apportèrent les procédés de fabrication et de décoration de Paul Hannong.

Quelques artistes appelés des fabriques de *Saxe* y implantèrent plus tard l'industrie de la porcelaine, et exécutèrent leurs décors indistinctement sur la porcelaine et sur la faïence.

Les produits de la manufacture du baron de Beyerlé sont signées du monogramme suivant :

Le général comte de Custine succéda au baron de Beyerlé et confia la direction de la manufacture à *François Lanfrey* qui ne tarda pas à devenir seul propriétaire de l'usine.

Pendant la période du Comte de Custine, les faïences de Niederwiller étaient marquées de deux C entrelacés :

Certaines faïences de Niederwiller rappellent, par le decor les porcelaines de *Saxe*

Un autre genre de décoration particulier à cette manufacture, consiste en l'imitation d'un bois veiné sur lequel semble fixé au moyen d'une épingle, en trompe-l'œil, un paysage peint en camaïeu rose, sur une feuille de papier blanc.

Ces paysages portent dans un coin, avec la date, la signature de *Kilian*

RECHERCHES

V. X mai 1898 :

Vase pot pourri à couvercle, décoré 436f

V. du 3 fév. 1899 :

Ecuelle et son plateau, sujets en cam. rose; marli du plateau décoré de fleurs, fruits et oiseaux en relief; anses de l'écuelle formées de feuillage et de fruits; le bouton du couvercle formé d'une petite fille assise sur un tronc d'arbre et tenant un nid 550f

Petit légumier et son plateau, forme oblongue, anses simulant des branches, déc. polych. de bouquets de fleurs. (34×26) .. 141f

Soupière ronde à anses, sur quatre pieds, déc. polych de fleurs, bouton du couvercle formé de légumes 170f

V. Crignon de Montigny, mai 1899 :

Assiette polych. décorée au fond, d'un sujet d'après Téniers 200f

V. Comtesse de Fitz-James, Déc. 1902 :

Groupe de quatre personnages, déc. polychrome et or, sujet : l'enlèvement d'Hélène 1400f

V Beéche, mai 1904 :

Petit plateau ovale, marli plissé à fond vert, au centre, un bouquet de fleurs polych 115f

Groupe : berger auprès d'une bergère. . 250f

VII. NUREMBERG

C'est à *Veit Hirschvogel*, potier et peintre sur vitraux, né en 1441, mort e 1525, que les poteries de Nuremberg doivent leur célébrité. Son fils *Augustin* s'adonna presque exclusivement à l'art de la poterie et fabriqua de nombreuses poteries ornées en relief; mais ce qui fit surtout la réputation des Hirschvogel, c'est la fabrication des poêles vernissés en brun ou en vert, que l'on retrouve plus tard dans toute l'Allemagne et dont certains sont de véritables monuments.

La plus grande partie des faïences usuelles de Nuremberg, datées de 1720 à 1730, ont été peintes en camaïeu bleu ; les décorations à peinture polychrome et à figures, sont des exceptions.

Plus tard on trouve surtout des décors bleus imités des porcelaines orientales.

Les faïenciers de Nuremberg ont souvent marqué leurs produits de leurs noms en toutes lettres ; on rencontre souvent la signature de *Strobel*, dont on verra d'autre part la reproduction, de *Glüer*, de *Greber* et aussi des

Kordenbusch qui ont possédé très longtemps une fabrique à Nuremberg.

Ströbel:
A° 1730:
Kutz:
10 tiris.

RECHERCHES

V. Comtesse de Fitz-James, Déc. 1902 :
Très grande vasque déc. polych. de fleurs, feuillages et ornements 455f
V. Mame, avril 1904 :
Vase ovoïde déc. polych 140f
V. Schiff, mars 1905 :
Plaque en faïence vernissée . . . 320f

§ 3e BELGIQUE

1. ANDENNE

Les faïences d'Andenne datent du commencement du XIXe siècle ; elles sont décorées par impression et sont marquées en toutes lettres.

II - BRUGES

Les faïences de Bruges sont très rares; elles sont généralement ornées de rocailles en relief et décorées de fleurs en bleu et manganèse

Les marques de Bruges sont les suivantes·

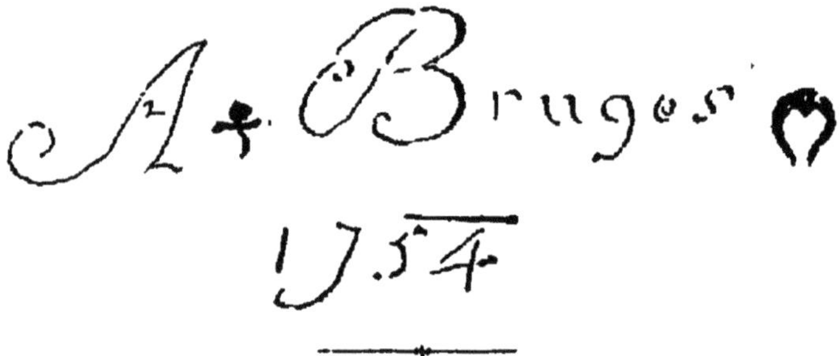

III - BRUXELLES

En 1705, *Corneille Mombaerts* établit une manufacture de faïence à Bruxelles; après sa mort son fils *Philippe* en prit la direction et produisit de nombreuses et intéressantes pièces, des formes les plus diverses, représentant des animaux et des légumes, comme en ont fabriqué Bordeaux et St Omer.

Les autres faïences de Bruxelles qui sont généralement des faïences de table, imitent celles de Delft, ou les decors bleus de Rouen.

Philippe Mombaert signait ses faïences en toutes lettres et accompagnait sa signature de la date.

RECHERCHES

V Comtesse de Fitz-James. Déc. 1902 :

Deux canards formant boîtes, décorés au naturel 200f

IV. LIEGE

La fabrique de Liège a surtout reproduit sur ses faïences les décors rouennais.

Beaucoup de pièces de Liège sont marquées :

§ 4e DANEMARK

KIEL

Vers 1766, une manufacture fut établie à Kiel par *Buchwald*, où travailla, comme décorateur *A. Leihamer*.

Les formes élégantes, la beauté et la fraîcheur du décor des produits de Kiel, en font les plus remarquables faïences de la fin du XVIIIe siècle.

Ces faïences sont marquées :

K / B / A | K | NB. / K:. | Ψ | Kiel / T / P

Kiel

§ 6e ESPAGNE

I. ALCORA

On a fabriqué à Alcora de nombreuses petites plaques ovales, décorées au centre de sujets religieux d'une belle coloration, avec une large bordure de rocailles en relief.

Un faïencier : *François Grangel* a produit de très belles pièces décorées dans le genre de Moustiers, de dentelles bleues rehaussees de jaune orange. Il signait :

Fo. Grangel.

Comme il a été dit au titre de Moustiers, *Oléry* avait été appelé comme décorateur à la fabrique d'Alcora par le comte d'Aranda ; il signait les faïences espagnole, comme celles de Moustiers ; mais la lettre *L* y est indiquée moins franchement.

A·L· B L A·L· B· L·

RECHERCHES

V X. mai 1898 :

Deux plaques, déc. à sujets historiques... 680f

Deux plats déc. personnages et fleurs.... 155f

V. du 5 fév 1899 :

Très grand plat rond, cam. bleu, déc. chinois de dix personnages avec arbustes, fleurs oiseaux et animaux fantastiques. (Diamètre 0, 58). 710f

V. Comtesse de Fitz-James, Déc. 1902.

Deux g^des pyramides ajourées, déc. cam. bleu 1010f

Deux plats ronds, déc. polych. 131f

Buste d'homme à perruque et à jabot.. 300f

V. mars 1903 :

Deux statuettes : danseuse et danseur. 230f

V. de R. Déc. 1903 :

Petite plaque à déc. polych. 255f

Plateau creux, déc. médaillon en cam. bleu 175f

V. Baronne Davillier, Déc. 1904 :

Deux plaques : St Antoine et un autre S^t 400f

Compotier déc. cam bleu 120f

V. Schiff, mars 1905 :

Deux plaques, déc. religieux 590f

II. - SÉVILLE

Les faïences de Séville ressemblent beaucoup à celles de Savòne, avec lesquelles elles se confondent; on ne peut les distinguer que par les marques :

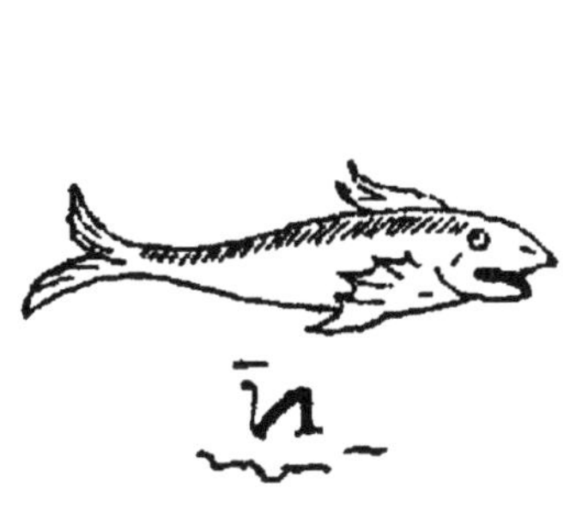

RECHERCHES

V. à Amsterdam, 15 mars 1898 :
Deux plats ovales godronnés déc cachemire émaillé rouge, bleu, vert et jaune. 200f

§ 6e HOLLANDE

1. AMSTERDAM

Hartog Van Laun possédait à Amsterdam, vers 1780, une fabrique de faïence, dont l'existence fut de courte durée.

Ses produits sont confondus avec ceux de Delft, auxquels ils ressemblent; on ne peut les distinguer que par leur marque spéciale:

RECHERCHES

V nov. 1905:

Deux petits vases. jardinières. déc. cam. bleu 151f

II. DELFT

Delft fut le centre de production céramique le plus considérable d'Europe; pendant sa période de prospérité, cette petite ville ne compta pas moins de trente manufactures à la fois, et de 1584 à 1848, plus de sept cents faïenciers y exercèrent leur industrie.

Ainsi s'explique-t-on le nombre étonnant de pièces de Delft que l'on trouve aujourd'hui.

Delft a imité avec une grande perfection, toutes les décorations des porcelaines orientales, depuis les dessins japonais d'une composition si harmonieuse, jusqu'au cam bleu à fleurs ou à personnages.

On fabriqua à Delft non seulement des vaisselles de table, mais aussi une foule d'objets de fantaisie : des statuettes, des dessus de brosses, des cadres de miroirs, des cages, des chauffe-pieds, des jouets d'enfants et même des instruments de musique, violons, flûtes, etc.

Les marques de Delft sont aussi nombreuses que les faienciers dont elles representent les monogrammes, les signatures en toutes lettres et même les emblêmes qui leur servaient d'enseignes.

On trouve plus communément celles suivantes.

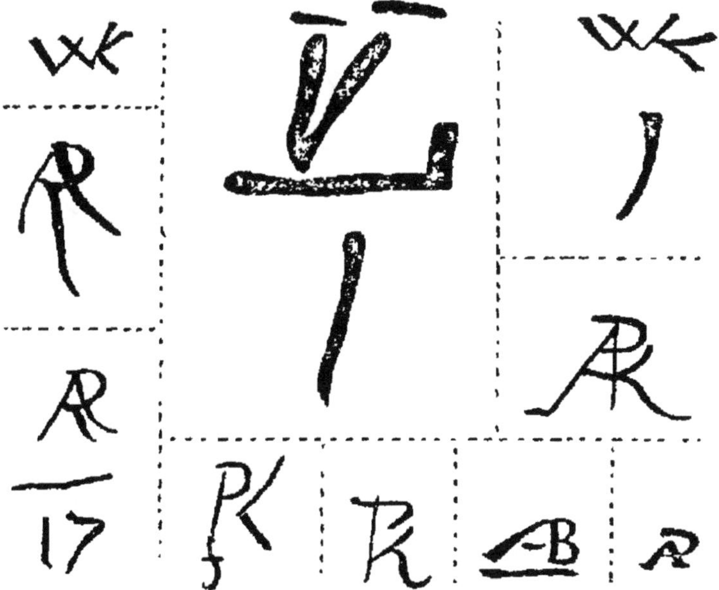

* jB	* CB 7	B. V. S 1702 6/1	CB 1725

B D	* CB	C. VIS	CK 1727

CB	AK	AR	AR	AK	AK

A R *	3 estonne	Æ ITD	B	Pinxit 1736 CB

C.B.S.	D	CK	A I	C W

AK	C	D. K 6oot 1700	D/7	D K

PAS	Clompot	K	G K	H

GVS · G·V·S · 1 6 C 1 3 4 DEN 2 M. · H. S R

D RX7 · DAW · DSK · FS

F 1·6·8·0. · HDK 2 · HB · HB · HK

GAK HdK 1721 · HvH · HVMD 1750 · IB · I·D·A · IDM

iVB · LV · IG · I:G · IK · IVB

IG · IVDW · LG · IVB · IVK·

MDK 1764 · IVSo 1529 · P · P · IA · VE P

HL · IDW · LK · K · LVS

I H F 1185 in't fortuyn	I h F 1183 in't Fortuyn	I G R

A I H	J W H	K W	l p k

M V B 1751	1702 L	P	paauw 1740	VB

P V D B	P V D : P	PM	P. V : M

R	R S	SE	thart THART
			K K

I T D 12	K	L P Kan	M P	B D

P K	VE 2 95	R	P V S W v S 1717	AK	VE VB

RECHERCHES

V. à Amsterdam, 15 mars 1898 :

Deux assiettes, déc. en cam. bleu, avec sujets rustiques 190f

Six assiettes octogonales, au centre, un cartouche Renaissance. 96f

Huit assiettes déc en cam bleu 160f

Douze assiettes à déc. rayonnant au centre. 132f

Gd plat, déc Junon sur un paon au-dessus d'une ville ; polych 142f

V. X. mai 1898 :

Bouteille déc. or 200f

Deux plaques contournées, sujets champêtres, en cam bleu. ornements rocaille en relief. en couleurs 157f

Quatre plaques variées 250f

Garniture de cinq pièces, potiches et cornets à côtes, déc. fleurs en bleu 390f

V. 3 mai 1899 :

Deux bouteilles côtelées, à deux renflements, déc cam. bleu de gds lambrequins (H. 44) 580f

Deux très grosses potiches côtelées, à huit pans, avec leurs couvercles, déc cam bleu de gds lambrequins, vases de fleurs et ornements divers. (H. 0,68) 490f

Deux bouteilles à deux renflements, déc cam bleu de fleurs, feuillages, oiseaux et papillons. (H 0,36) 115f

Garniture de trois pièces : deux bouteilles à deux renflements et une potiche déc polych.

lambrequins, fleurs feuillage, oiseaux (H. de la potiche 0.35, H. des bouteilles 0.42) 635f

Potiche couverte, à huit pans, déc. bleu, rouge et or, dans le goût japonais (H 0.31). 220f

Deux perroquets sur terrasse, décor polych. (H. 0.23) 185f

Deux assiettes à bords contournés, cam. bleu, fond décoré d'un paysage, dans lequel sont deux personnages avec balançoire; au marli, fleurs et ornements avec réserves. 108f

Gde potiche couverte à huit pans, déc. cam bleu, de vases fleuris avec grands branchages dans des réserves (H. 0.55) . . 100f

V. Chaumont, fév. 1900:

Neuf plats ronds, déc. polych 176f

V. Marquis de Thuisy, Déc 1902:

Plat à barbe, à déc. polych. rehaussé de dorure 1250f

Plaque ornée de vases sur fond jaune. 230f

Flacon à thé déc. bleu 291f

V. Comtesse de Fitz-James, Déc 1902:

Garniture de cinq pièces: trois potiches et deux cornets, déc. bleu, rouge et or, marque APK. (H. 0.32) 6200f

Très grande bouteille, déc. cachimir, polych 1700f

Deux tulipières, anses têtes d'oiseaux, déc polych. composé sur la face, d'une femme tenant une corne d'abondance, sur les autres parties, des rinceaux et ornements divers 1550f

Plat déc bleu, rouge et or, marqué APK . 580f

V Deleuze, Fév. 1903 :

Onze assiettes, déc. bleu à personnages, figurant les mois de l'année. . . . 900f

V. Lelong. mai 1903 :

Plat de style japonais, déc. bleu, rouge et or. 430f

Plaque présentant en couleurs et dorure une large rosace entourée d'insectes 1350f

V M. de R. Déc 1903 .

Plaque à déc. polych 120f

V Mahon, janv 1904 :

Jacqueline, statuette de paysan . . . 320f

Deux petits vases avec couvercles, déc. polych. et or, style japonais 545f

V mars 1904 :

Deux plaques déc. polych. . . 160f

Plat creux, déc. polych et or . . . 222f

V. Mame, avril 1904 :

Paire de bouteilles déc polych 250f

Paire de potiches avec couvercles 1030f

Hanap-casque, déc. polych. . . . 380f

Plat creux, déc. en couleurs 160f

" " *déc. polych* 110f

V. Beéche, mai 1904 :

Plat à déc. rayonnant de fleurs et compartiments 145f

Plat creux, déc. rosace et fleurs . . . 60f

Deux petits plats, decor en camaïeu bleu 42f

V. Guyon, janv. 1904 :

Pichet décoré en cam. bleu 235f

Pot à eau, déc. polych et doré 460f

Flacon à thé déc chinois 2385f

Deux petites bouteilles, déc. polych 1505f

Deux plaques déc. fleurs 1090f

Deux plaques, décorées de marines 1200f

V. Baronne Davillier, Déc. 1904 :

Quatre potiches, déc. polych. et or style chinois. 950f

V. L. Leroy, Déc. 1904 :

Deux petits pots à anses, déc. polych. de style coréen 580f

Assiette à riche déc. polych 127f

Deux bouteilles balustres, à déc. polych . . 215f

Deux potiches et deux cornets, déc. blanc sur bleu. 185f

V. Schiff, mars 1905 :

Deux plaques, déc. polych. scènes familiales . . . 900f

Petite potiche, déc. polych et or 805f

Petit plat creux, déc. polych. et or . . . 220f

V. Hakki-Bey, mars 1906 :

Plat déc. rosace polych. à huit pétales . . . 70f

Plat décoré en bleu, vert, jaune d'ocre et aubergine (restauré) 33f

Plat à barbe décoré d'un médaillon chargé d'une corbeille fleurie. 195f

V. Schevitch, mai 1906 :

Pot-attrape du XVIIe siècle, décoré en bleu 480f

§ 7° ITALIE

I. – CAFFAGIOLO

L'existence de la fabrique de Caffagiolo, petite ville de Toscane, sur la route de Florence à Bologne, n'est connue que depuis quarante cinq ans à peine. Ses produits remarquables surtout sous le rapport du dessin, étaient attribués à Faënza.

Les décors des faïences de Caffagiolo, d'un dessin ferme et correct, sont tracés en bleu, d'une façon assez accentuée et modelés sobrement également en bleu, puis rehaussés de couleurs, parmi lesquelles on trouve un ton orangé qui est particulier à cette fabrique.

Les plus belles pièces de Caffagiolo sont celles qui datent du commencement et du milieu du XVIe siècle ; passé cette époque, jusqu'aux premières années du XVIIe siècle, où la fabrique de Caffagiolo fut abandonnée, elle ne produisit plus que des œuvres d'une exécution mauvaise et d'un goût déplorable.

Les faïences de Caffagiolo sont marquées.

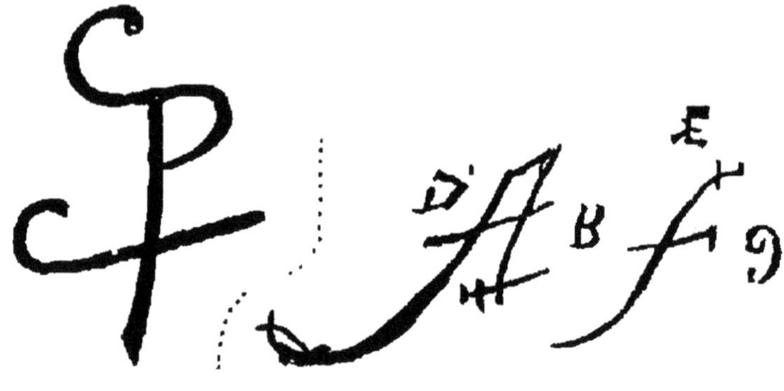

in chafaggiuolo

RECHERCHES

V. Crignon de Montigny, mai 1899.

Petit plat creux à large marli, au centre: armoiries polych 700f

V. juin 1902:

Gd plat déc. polych 260f

V. Bonnaffé, janv. 1904:

Gd plat à déc. polych. 410f

V. Mame, avril 1904:

Plat déc. polych. de personnages 950f

V. Gaillard, juin 1904:

Gde cruche, commencement du xvie siècle (H. 0.32. restaurée) 2100f

Plat déc polych. meme ép. (diam 0.33) . . 520f

Autre plat même ép (diam. 0.325) 260f

V. L. Leroy, Déc. 1904 :

Plat du XVIe siècle, décoré au centre d'un amour, dans un médaillon à bordure bleue 900f

V. Bourgeois à Cologne, oct 1904 :

Gde canette de forme antique, goulot en forme de trèfle et anse large, vers 1530; devant, les armes des Pocci de Florence.. 708f

Bassin profond, très évasé, sur un pied en forme de cloche, sur le fond, écu à partition longitudinale, datant de vers 1530. . . . . . . 688f

V. Queyroi, fév. 1907 :

Plat creux, déc. buste de femme (D. 0.42) 1480f

II. CASTEL-DURANTE

Castel-Durante a fabriqué des plats, des assiettes, des vases, notamment des vases de pharmacie, ornés de trophées militaires artistiques, réservés en blanc sur des fonds de couleurs variées, dessinés en traits bleus et modelés en bistre

Quelquefois les ornements sont rehaussés de touches de blanc pur qui accentuent le modelé.

Un filet jaune à cheval sur le bord peut servir, à défaut de marque, à distinguer les produits de Castel-Durante, de ceux des autres fabriques similaires.

En 1623, Castel-Durante changea son nom contre celui d'*Urbania*; on trouve ce nom d'Urbania sur quelques-unes des pièces de cette époque :

Fatta in Urbania 1667.

Les marques de Castel-Durante sont les suivantes :

F·D·
1543

RECHERCHES

V. X. mai 1898 :

Vase sphérique du XVIe siècle 115f

V. Mame, avril 1904 :

Gd cornet décoré d'un médaillon d'un médaillon contenant une figure d'Amphitrite 180f

Coupe décorée d'un buste de femme 780f

Petit plat, bustes et trophées . . . 170f

V. Rougier, mai 1904.

Deux vases de pharmacie 530f

Vase décoré en cam. jaune sur fond gros bleu. 500f

V. Lieudekerke à Bruxelles, juin 1904 :

Deux assiettes fond bleu royal ; au centre

en émaux vert, jaune, bleu et blanc, la déesse Fortuna 100f

V. Gaillard, juin 1904 :

Assiette, vers 1530. (Diam. 0.22) 1560f

Coupe de l'atelier de Guido Durantino vers 1550. (Diam 0.28). 270f

Deux vases à pharmacie de 1550. (H. 0.35 et 0.37). 1700f

V. Bourgeois à Cologne, oct. 1904 :

Coupe profonde. à pied. vers 1550 ; le centre est occupé par un ombilic qui représente en figures à mi-jambes, Vénus et Mars enlacés. 213f

Coupe à bords renversés, vers 1520, buste de jeune femme de face 1437f

Coupe à reflets métalliques, vers 1525 buste d'une jeune femme 1012f

Coupe profonde à panse rebondie et à bords contournés, vers 1530, l'ombilic représente, à mi-corps, Diane dans un paysage 262f

Assiette creuse, vers 1535, profil de femme 400f

Assiette creuse, vers 1540, enfant à cheval sur un dauphin. 2062f

Coupe sur un pied bas 1540, buste de profil, d'une jeune femme en costume romain 802f

Plat peu profond, à larges bords, 1572, au milieu un médaillon avec enfant *debout dans un paysage* 872f

V. Schiff, mars 1905 :

Deux cruches de pharmacie 580f

V. Hakki Bey, mars 1906 :

Vase de pharmacie, déc de trophées d'armes et de têtes de satyres, en grisail. le sur fond bleu lapis (fracturé). 920f

Cornet décoré d'un médaillon représentant un Saint (restauré). 115f

III. CASTELLI

Une famille de faienciers du nom de *Gruë* s'établit à Castelli au XVIIe siècle et y fabriqua des faiences d'un ton pâle, décorées de figures inspirées des compositions des *Carrache*, et de paysages d'une belle coloration, remarquable par son beau violet foncé et son vert très doux dans les feuillages.

Les Gruë signaient parfois en toutes lettres, mais le plus souvent de la façon suivante :

C. A. G.	*F. G.*

Autres marques de Castelli :

GENTILI. P.	gentile p.

RECHERCHES

V. Goldschmidt, mai 1898 :

Plat rond déc. polych 70f

Vase en couleurs, scène de l'histoire de Judith XVIII siècle *47f*

Deux plaques rectangulaires à sujets bibliques *50f*

V X. mai 1898 :

Plaque à déc. polych. *120f*

V. Mame, avril 1904 :

Gd plat rond représentant le triomphe de Bacchus *6300f*

Plat long à sujet de chasse *580f*

Petit plat décoré du char de Diane . . *320f*

Plat à sujet de bacchanale et armoiries 850f

V. Bourgeois à Cologne, oct. 1904 :

Coupe plate à pied, de l'atelier de Grue vers 1720, décorée d'un riche paysage fluvial avec château *187f*

Petite coupe vers 1740, Isaac et Rebecca près de la fontaine *75f*

V. M. L. fév. 1905 :

Assiette, déc. allégorie de la musique . . . *300f*

IV. DERUTA

La plus ancienne marque connue de Deruta remonte à 1525. On fabriqua dès le début, des faïences ornées de grotesques sur fond bleu, dans le genre de celles de Faënza.

Plus tard, des artistes venus d'Urbino, implantèrent à Deruta le décor plein, à figures.

Ce n'est que vers 1545, que l'on trouve d'une façon suivie, la signature d'un faïencier désigné sous le nom de *el Frate* (le Moine) et qui occupa la place la plus importante dans l'histoire de cette fabrique.

El Frate signait ses œuvres de la façon suivante :

.1545.
.T. Deruta
El frate pinsi

Les faïences non signées, de Deruta, sont reconnaissables à l'emploi de la couleur bistre un peu terne, et surtout à un lustre jaune chamois métallique, d'un éclat doux et nuancé, que l'on ne voit dans aucune autre faïence de la même époque.

On trouve encore les marques suivantes sur les faïences de Deruta :

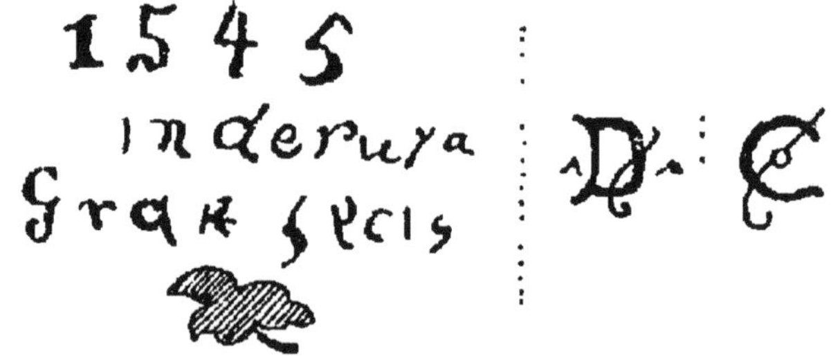

1 5 3 7

fran^co. Urbini

i deruta

RECHERCHES

V. Soltykoff, avril 1861 :

Plat à reflets métall. déc. cavalier . . 112f.

V. Goldschmidt, mai 1898 :

Petit plat creux, déc. à reflets métall... 700f.

V. du 14 juin 1898 :

Plat du XVIe siècle, décoré au centre d'une tête de femme, le bord en jaune et bleu, à reflets métall . . . . 2380f.

Ce plat avait été payé en 1892, à la vente d'Yvon . . . . 1800f.

V. Crignon de Montigny, mai 1899.

Petit plat à reflets métall., commencement du XVIe siècle . . . . 800f.

V. à Asnières, mai 1899 :

Coupe décorée d'arabesques, à reflets métall . . . . 280f.

V. Bonnaffé, janv. 1904 :

Plat rond, à ombilic . . . . 475f.

V. Mahon, janv. 1904 :

Coupe sur piédouche, déc. bleu à reflets métall . . . . 805f.

V en mars 1904 :

Plat creux, buste de femme, à imbrications 440f

V Mame, avril 1904 :

Coupe sur piédouche, au fond l'inscription Romana 360f

Plat à ombilic, décoré en bleu, buste de personnage 3300f

Plat déc. en bleu, buste de femme. (très restauré) 3800f

Plat creux déc. bleu, St François d'Assise 2750f

Deux petits plats aux armes du pape Clément VII 2400f

Plat creux, déc. à motifs irréguliers . . 780f

Plat à ombilic, buste au milieu de compartiments (restauré) 1000f

Plat creux à déc. rayonnant 650f

Gd plat déc en bleu et au fond un buste de femme avec la légende : « la Cristofana Bella » 3800f

V. Rougier, mai 1904.

Coupe décorée en bleu, avec le monogramme du Christ 360f

V. Gaillard, juin 1904 :

Petit vase, commencement du XVIe siècle. (H. 0,205) 480f

Autre petit vase même ép. (H. 0 20) 410f

Coupe de la même ép. (H. 0.11. Diam 0.23) . . . 715f

Vase à deux anses même ép. (H. 0.275) . . . 1885f

Gd plat, même ép. (Diam. 0.35) 380f

Autre gd plat même ép (D. 0 255) 590f

Gd plat. commencement du XVIe S. (Diam. 0,42) fêlure 3000f

Assiette creuse, même ép. (Diam 0 21) 120f

V. Bourgeois à Cologne, oct. 1904 :

Gd plat à reflets nacrés, vers 1520, buste de profil d'un guerrier romain harnaché, sur fond bleu. (Diam 0.40) 2000f

Plat creux à larges bords, vers 1530, buste de profil d'un empereur couronné (D. 0,40). 375f

Gd plat à reflets, vers 1530; dans la partie profonde, un jeune homme jouant du violon, au pied d'un arbre. (Diam. 0.40) 5187f

Gd plat à larges bords, à reflets cuivre jaune changeant en rouge: Turc coiffé d'un haut turban, et monté sur un cheval blanc. 1000f

Gd plat creux à larges bords, date 1555, au fond, les armes ornementées du pape Jules II. 888f

V. L Leroy. Déc. 1904 :

Plat du XVIe S. à reflets métall., orné au centre, d'un Saint en prière. 900f

Plat creux, de la même ép. à reflets métall., orné d'un buste de femme de profil, dans un médaillon encadré d'entrelacs. 1100f

V. Hakki-Bey, mars 1906.

Gd plat à reflets métall., au fond le lion de St Marc (restauré) 910f

Gd plat à reflets métall, dessin bleu; le fond represente une chapelle, diverses *fleurs et la vision de St François (restauré).* 950f

Gd plat à reflets métall., sur fond bleu foncé, le Christ montrant ses plaies à St Thomas (restauré) 2620f

Gd plat à reflets métall. fond bleu foncé buste de St Jérome en prière (intact D. o 39). 5600f

V. Schevitch, avril 1906 :

Petit plat, buste de femme, fin du XVIe S. 500f

V. Schiff, mars 1906 :

Une pomme de pin à reflets métall. ... 170f

Coupe déc. bleu à reflets métall. 800f

Vase en forme de pomme de pin, à reflets métall. 380f

V. Queyroy, fév. 1907 :

Plat à motif rayonnant (restauré, Diam. o 37) 250f

---

V. FAËNZA

Faënza fut la plus importante et la plus célèbre de toutes les fabriques de faïence d'Italie.

Les formes des premiers produits de Faënza sont simples, avec un peu de raideur dans les contours ; le style du décor se ressent de l'influence hispano-arabe.

Ces premiers produits sont surtout caractérisés par le ton tout particulier du bleu-lapis.

Plus tard, les formes sont plus élégantes,

le dessin devient plus souple et plus correct, les tons s'adoussissent.

C'est à Faënza que l'on commença à appliquer sur le marli des assiettes et des plats ces arabesques si gracieuses.

Les produits de Faënza sont presque toujours marqués au revers, des marques ou monogrammes ci-dessous, tracés en bleu-lapis, lorsque l'émail est bleu clair, et d'imbrications, ou de zones alternativement bleues et jaunes, lorsque l'émail est blanc.

RECHERCHES

V. Soltykoff, avril 1861 :

Gd plat représentant une Piéta 157f

Gd plat portant au centre les armes du pape Léon x. 620f

Petit plat représentant St Jean. 148f

V. Goldschmidt, mai 1898 :

Petit plat, déc. buste de femme dans une couronne de lauriers 700f

Vase forme poliche, arabesques, fleurettes et armoiries, XVIe *siècle*. 1100f

Petit plat creux, au marli, couronne de lauriers polych 640f

Petit plat creux, émail bleu, au fond, St Sébastien 400f

V. X. mai 1898 :

Deux gros cornets à déc. de bustes XVIe S. 230f

V. à Asnières, mai 1899 :

Coupe fond bleu, avec écusson armorié au centre, ornements et mascarons sur la bordure, en cam. bleu 800f

V. Moreau-Nétalon, mai 1900 :

Petit plat creux, l'amour enchaîné, (Diam o 26). 2600f

Plat rond, St Georges 1800f

V. Bonnaffé, janv 1904 :

Vase de pharmacie 385f

Deux cornets de pharmacie 1600f

V. Mame, avril 1904 :

Plat aux armes d'un prélat. . . 300f

Cruche de pharmacie (fêlée). . . 1400f

Cornet de pharmacie, déc. médaillon à figure de femme. (restauré). 450f

Cornet de pharmacie décoré d'un buste de vieillard 250f

Plat creux, buste, oiseaux et rinceaux. . . 900f

Coupe, la Crèche et les bergers (fêlée) 3700f

Plat à déc. polych 2100f

Gros vase décoré d'un buste et d'un amour. (fêlé) 750f

Plat déc. polych., au fond un montreur d'ours, au marli, sur fond bleu, quatre bustes séparés par des groupes de chevaux marins (restauré) 9100f

Ce plat avait été adjugé une première fois à la vente Monbrun, en 1861, pour . . 115f

Plat à déc composé de grotesques, avec le buste d'Annibal 1200f

Plat déc. en couleurs sur fond bleu; au fond, un écu armorié d'or à deux masses d'armes d'azur. (restauré) 7550f

V. Rougier, mai 1904 :

Plat décoré d'un buste de femme . . . 205f

Plat décoré du sujet : St Jérome dans le désert 155f

V Gaillard, juin 1904 :

Gd plat avec les armoiries de Mathias Corvin au marli, avant 1490, (Diam 0 47, fortement restauré) 51.000f

Vase de pharmacie, vers 1480. (H. 0.185) . . 9000f

Gde coupe de la fin du XVe S. (H. 235, Diam 0,325; restaurée) 10,500f

Adjugée à la vente Piot, en 1870, ... 470f

Assiette plate à larges bords, du commencement du XVIe S. (Diam. 0.28) 1.900f

Assiette, date 1525, (Diam. 0.27) 1.420f

V. Bourgeois à Cologne, oct. 1904 :

Vase de pharmacie, vers 1490, orné sur la face, d'un buste de guerrier . . . . 2137 f.

Assiette plate, vers 1520, émail bleu ; au centre : Mucius Scævola debout . . . . 1200 f.

Gd plat vers 1525, au fond, gd médaillon circulaire : Orphée jouant de la musique dans un paysage ; auprès de lui l'Amour. 3750 f.

Assiette creuse, vers 1525, sur le fond, un écusson bleu foncé, vert et jaune. . . 937 f.

Assiette creuse, à larges bords, vers 1525, émail bleu clair, écusson d'armoiries. . . . 975 f.

Plat à bords très larges, même époque, émail bleu clair, écusson armorié . . 882 f.

Assiette creuse à larges bords, vers 1525, émail bleu clair, médaillon contenant le buste d'un guerrier romain . . . . . 1750 f.

Plat creux, médaillon contenant la figure de Diane . . . . 262 f.

Gd plat à bords très larges, de la seconde moitié du XVIe siècle ; dans un médaillon : Léda et le cygne. . . . . 442 f.

Coupe de la même ép., le milieu représente le buste d'un Turc. . . . 250 f.

Plaquette même ép. : crucifiement. . 1315 f.

Bassin profond à larges bords et à pied vers 1470, toute la surface du bassin est ornée de rinceaux, de rosettes et de fleurs de style gothique ; à l'intérieur gd médaillon contenant un écusson : main frappant avec un marteau sur une enclume (D. o,29).12500f.

V. Baronne Davillier, Déc. 1904 :

Vase cylindrique à anses contournées, aux armes d'un évêque . . . . 2000f.

V L. Leroy, Déc. 1904 :

Coupe sur piédouche, à bords et fond à lobes, XVIe S. décorée d'un saint en prière. 750f.

V Schiff, mars 1905 :

Statuette d'ange debout, tenant un porte-cierge, commencement du XVIe S.. 1600f.

Deux vases de pharmacie . . . . 1000f.

V. Rey, juin 1905 :

Petit plat décoré d'une bonne-foi, surmontée d'un écusson . . . . 200f.

V. Hukki-Bey, mars 1906 :

Petite assiette creuse, décorée d'une rosace bleue (restaurée) . . . . 120f.

Petit cornet déc. de fleurs . . . . . . 72f.

Deux carreaux de revêtement . . . 40f.

Gd vase de pharmacie, ovoïde, médaillon à fleurs jaunes, (restauré). . . . 415f.

V. Queyroi, fév 1907 :

Plat creux, aux armes des Colonna, (Diam. o,36) . . . . 1650f.

Plat creux, personnage jouant de la viole (Diam. o,36) . . . . 500f.

Plat creux, Diam. o 39, personnage jouant de la viole, Amour et un cerf . . . . 800f.

Plat buste de personnage (fracture, D o,36). 360f.

VI. FORLI

La fabrique de Forli fut peu importante, ses produits offrent les mêmes caractères décoratifs que ceux de Faënza. On ne peut guère les distinguer que s'ils portent l'inscription :

« *Fatta in Forli* »

ou la marque ci-dessous qui en indiquent la provenance.

RECHERCHES

V. Gaillard, juin 1904 :

Biberon déc. polych. vers 1540, (H 0,27) . . . 270f

VII. GÊNES

Les produits de la manufacture de Gênes se confondent avec ceux de Savone, tellement ils se ressemblent, on ne peut les distinguer que par les marques qu'ils portent.

Les marques de Gênes sont les suivantes:

VIII. GUBBIO

Maestro Giorgio Andréoli originaire de Pavie, qui possédait le secret d'un rouge-rubis métallique, dont l'éclat rehausse un grand nombre de faïences italiennes du commencement du XVIe siècle, s'établit jeune à Gubbio, où il exerça la profession de sculpteur et celle de peintre sur faïence.

Toutes les pièces à personnages, peintes par Giorgio Andréoli, jusqu'en 1525, présentent un caractère archaïque très prononcé.

Ci-dessous les diverses marques de Gubbio:

da ugubio
1520

da ugubio
1520

M·G·

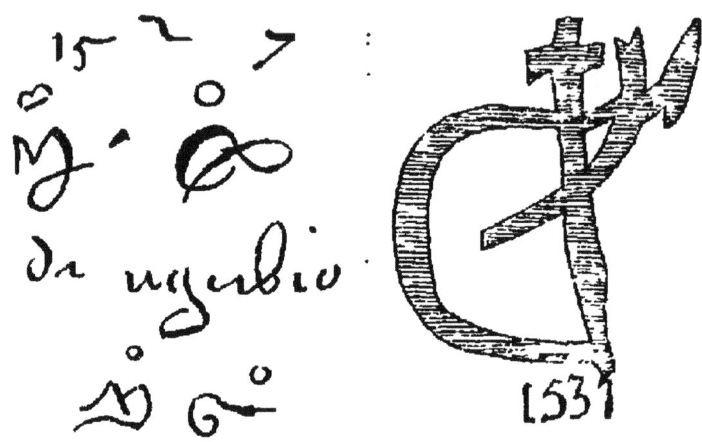

RECHERCHES

V. Soltykoff, avril 1861 :

G^d plat creux à larges bords, au fond un écu d'azur, travail de Giorgio Andréoli 2250^f

Autre plat de même forme et du même artiste . . . . 2250^f

Petit plat, au centre une licorne d'or sur un écu d'azur . . . . 750^f

Petit plat représentant au centre l'Amour . . . . . 735^f

Petit plat du même genre (mauvais émail) 30^f

Aiguière de forme antique, représentant sur la panse un triton et d'autres divinités de la mer, enlevant une néréïde . . . . 2750^f

V. Goldschmidt, mai 1898.

Petit plat à reflets métall. rouges, rubis et mordorés sur fond bleu . . . . . 4200^f

V. du 14 juin 1898 :

Coupe à reflets métall. avec lettres gothiques au centre, entourées de rayons et de flammes, de fleurs et de mascarons, en bleu, rouge et jaune 660f

Coupe à reflets métall., au centre, un aigle 300f

V. Antocolsky, mai 1903 :

Petite coupe déc en bleu, à reflets métall. au fond, St Jérôme 800f

V Mame, avril 1904 :

Petit plat, déc enfant tenant un jouet. 2600f

Plat creux, déc. en bleu, à reflets métall. rubis et jaunes cuivreux, (restauré) 3900f

Coupe à reflets métall., déc. moine 1040f

Coupe à bossage, déc. polych. St Sébastien. 1550f

Coupe déc. bleu, personnage regardant une tête de mort 1050f

Petit plat, buste d'évêque (fêlé) . . . 6100f

Plat creux décoré en bleu, à reflets métall., écusson d'armoiries d'argent (restauré) 6000f

Plat à déc polych. au fond un lièvre . . 3100f

Plat déc en couleurs et à reflets métall., au fond, légende latine 6000f

V. Gaillard, juin 1904 :

Assiette de Maestro Giorgio Andréoli (Diam 0,255) 3000f

cette assiette avait été adjugée, à la V. Soltykoff, en 1861 : 300f

Coupe, commencement du XVIe (Diam 0,18) 2400f
adjugée à la vente Nozi, en 1860. . . . . 110f

Assiette creuse à larges bords, première moitié du XVIe S (Diam 0,25) . . . 740f
vendue à la vente Soltykoff. 30f

V. L. Leroy, Déc. 1904 :

Coupe à reflets métall., décorée au centre d'un enfant nu couronnant un aigle; au pourtour des attributs guerriers, revers à filets et fleurs de lis. (Diam. 0,21) . 5100f

V. Bourgeois à Cologne, oct. 1904 :

Coupe à reflets nacrés, vers 1510; le médaillon du milieu représente l'Amour. 1828f

Coupe avec une partie des déc. en relief à reflets nacrés, vers 1550, le médaillon du milieu représente St Jérôme à genoux dans un paysage. 1875f

Petite assiette plate, à reflets, vers 1520, buste d'homme de profil sur fond bleu ponctué d'or. 2940f

Gd plat à reflets, vers 1520, dans le fond entre des rinceaux, dauphins et cornes d'abondance 1875f

Plat creux à pied bas, à reflets nacrés, vers 1540, buste de Moïse aux cheveux blancs hérissés. 1820f

Petit bassin à reflets d'or et nacrés; dans le fond, groupe de cinq personnages. . 562f

V. Boas Berg, nov 1905 :

Gd plat déc. brun et bleu, St Jérôme . . . 630f

Vase à panse aplatie, à reflets métall.. 525f.

V. Hakki-Bey, mars 1906:

Coupe sur piédouche à reflets métall. jaune chamois, fond orné d'un écusson, cœur percé d'une flèche. (pied refait)... 420f.

Petit plat déc à reflets métall., sur fond bleu, dans la cavité centrale, un enfant nu à califourchon sur un bâton court dans un paysage (restauré)... .5050f.

Coupe sur piédouche, à reflets métall. jaunes et rubis, ombilic à fleurs jaunes sur fond bleu.......... 1800f.

V. Schevitch, avril 1906.

Vase de pharmacie, commencement du XVIe S. .... 460f.

IX - MILAN

Les manufactures de Milan ont produit au XVIIIe siècle, une quantité considérable de faïences remarquables par la perfection de leur décor, imité surtout des porcelaines chinoises et japonaises.

D'autres faïences sont décorées de branches de fleurs, à pétales peints en émail formant relief, ou de motifs détachés sur fond bleu persan.

Les faïences de Milan sont marquées de la manière suivante:

RECHERCHES

V. Handelaar, nov. 1904:

Soixante-quatorze pièces d'un service de table . . . . 230f.

V. fév 1906:

Statuette : le tireur d'épine assis sur une terrasse rocaille . . . . 265f.

X – NAPLES

Les faïences de Naples ont beaucoup de ressemblance avec celles de Castelli.

Elles sont marquées :

XI. PESARO

La première fabrique de Pesaro fut établie en 1462 ; c'est à elle que l'on attribue les pièces d'ancien style à reflets métalliques jaunes, dont le revers est simplement vernissé.

Dans les faïences de la première moitié du XVIe siècle, le sujet n'occupe que le fond du plat ou de l'assiette ; le marli est toujours décoré par quartiers, d'imbrications, de feuillage, de fleurons, etc., séparés par des filets. Les figures sont tracées et modelées en bleu clair, les vêtements, les fonds et les remplissages sont en jaune métallique, le plus souvent à reflets verts ou rouges irisés.

Au XVIIIe siècle, on fabriqua à Pesaro des faïences qui, cherchant surtout à imiter les porcelaines de Chine, n'avaient rien de commun avec les anciens produits.

Un grand nombre de pièces, surtout vers la moitié du XVIe siècle portent en toutes lettres et souvent avec une date la mention :

« Fatto in Pesaro »

D'autres pièces portent les marques suivantes :

P

O†A
1582

RECHERCHES

V. Soltykoff, avril 1861:

Gd plat creux, au fond St Georges combattant le dragon 350f

Autre plat décoré de deux cavaliers combattant 1420f

Autre plat buste de jeune fille avec légende 1420f

Autre plat représentant St Paul . . . 365f

V. à Asnières, mai 1899:

Plat offrant au centre un cavalier armé d'une lance, bordure imbriquée . . . 195f

V. Bourgeois à Cologne, oct. 1904:

Assiette creuse, vers 1535, chasse au

sanglier de Méléagre 812f

V. L. Leroy, Déc. 1904 :

Plat du XVIe S. à reflets métall. et nacrés, décoré d'une figure de St François recevant les stigmates. 1360f

Vase à deux anses, à reflets métall. et nacrés, orné d'arabesques. 140f

---

XII – SAVONE

Dans les plus anciennes faïences de Savone le décor consiste en figures d'un beau dessin, plus tard, ces figures font place à des paysages qui sont remplacés eux-mêmes par des fleurs, des fleurons, des motifs variés.

Ces faïences sont décorées le plus souvent en camaïeu bleu un peu violet.

Elles sont marquées :

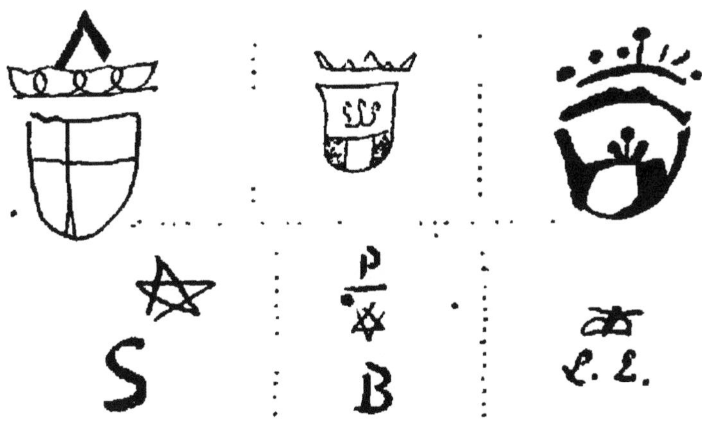

V Vollon, mai 1901 :

Deux vases décorés en bleu, à personnages . . . . *158f.*

V Gaillard, juin 1904 :

Gd plat du XVIIIe S. . . . . *100f.*

Autre plat XVIIe S. (Diam. 0.44) . . . *110f.*

XIII – TURIN

Les produits de la manufacture de Turin, assez rares sont toujours décorés en camaïeu bleu.

Ils portent les marques suivantes :

XIV. URBINO

Les faïences d'Urbino peuvent être considérées, avec celles de Faënza, comme les produits les plus remarquables de la céramique italienne du XVIe siècle ; on les envoyait en présent aux grands seigneurs.

Parmi les artistes dont les œuvres remarquables et nombreuses ont jeté un grand éclat sur la fabrique d'Urbino, nous trouvons *Guido Durantino* dont la réputation s'étendait au loin, et qui recevait des commandes de services destinés aux seigneurs étrangers. Ses œuvres se reconnaissent à leur coloration vigoureuse et à leur exécution franche et hardie.

Guido signait ses œuvres en toutes lettres en faisant précéder son nom de la désignation du sujet :

Vulcano fabrica le
Arme a foribundo
Marte
In La botega di M° Guido
Durantino In Urbino
1535

Francesco Xanto Avelli da Rovigo qui signait ses œuvres en toutes lettres :

fra xanto A
da Rovigo i
Urbino

ou simplement, avec ses initiales et la date :

1531
f. X. A. R:
Turbino.

F X A. R. R
F. X R.

F.co X:
Roú

1536. F X R

La dernière signature qui lui soit attribuée porte la date de 1540.

Orazio Fontana qui travailla jusqu'en 1565 chez son père *Guido Fontana* faïencier à Urbino ; il s'établit à son compte à cette époque et mourut en 1571.

Les sujets peints par Orazio se reconnaissent à une légère ébauche faite avec la couleur bleue qui lui servait à dessiner les figures et à modeler doucement les chairs, quelquefois même, le sujet est peint entièrement en camaïeu bleu.

Ce qui surtout, est bien particulier à l'atelier des Fontana, ce sont des décors de grotesques sur fond bleu, d'un aspect gracieux et léger.

On attribue à Orazio Fontana les *marques* suivantes :

Antonio Patanazzi dont les œuvres datent de la fin du XVIe siècle, signait de la façon suivante :

·VRBINI·
·1580·
M.° ANTON
I - PA
TANAZ

La famille Patanazzi semble avoir conservé un atelier pendant assez longtemps, car on trouve en 1620 le nom d'un Patanazzi qui accompagnait sa signature de la mention de son âge : « *Vincenzio Patanazzi da Urbino di età d'anni tredici del 1620* ».

Ci-dessous quelques autres marques d'Urbino :

RECHERCHES

Vente Soltykoff, avril 1861 :

Aiguière avec son bassin décorés de grotesques et de camées ; sur le bassin, Jésus et la Samaritaine, XVIe S. 3400f

Autre aiguière avec bassin, décorée de trois zônes de grotesques 1650f

Gd vase à deux anses serpents ; sur la panse, le triomphe de Galathée et l'enlèvement d'une nymphe par un triton 2400f

Deux gds flacons à panse aplatie, sur piédouche, à sujets tirés de la Fable . . . 2000f

Gd seau à rafraîchir, sur piédouche, représentant, à l'intérieur, la naissance de Vénus, et à l'extérieur, le triomphe de Bacchus. 5000f

Autre seau à rafraîchir représentant le passage de la mer rouge et Moïse frappant le rocher . . .5500f

Plat décoré de trophées . . . 260f

Salière forme de navire supporté par quatre figures de femmes, déc. d'arabesques 500f

La famille Patanazzi semble avoir conservé un atelier pendant assez longtemps, car on trouve en 1620 le nom d'un Patanazzi qui accompagnait sa signature de la mention de son âge : « *Vincenzio Patanazzi da Urbino di età d'anni tredici del 1620* ».

Ci-dessous quelques autres marques d'Urbino :

V. Beurdeley, mars 1899 :

Une grande vasque 510f

Cruche de pharmacie, personnages et amour dans un paysage 300f

V. à Asnières, mai 1899 :

Assiette décorée du sujet de Latone, au revers la date 1543 . . . . 295f

Assiette, sujet l'enlèvement de Déjanire, avec une autre assiette, l'enlèvement d'Europe ; ces deux assiettes du XVIe *S.* . . 400f

Deux cornets de pharmacie décorés de sujets bibliques et d'écussons armoriés, soutenus par des amours, XVIe *S.* . . 305f

V. Macqueron-Larangot, mars 1900 :

Plat ovale, déc. polych. avec personnages jouant de divers instruments . . . 121f

V. Antocolski, mai 1903 :

Plaque ronde, la Vierge instruisant l'Enfant Jésus, fond de paysage . . . 1450f

Petit plat, sujet tiré de l'histoire d'Annibal 425f

V. Maine, avril 1904 :

Ecritoire formée d'un plateau supportant deux récipients, et décorée de la Cène 470f

Deux petits plats paysages et armoiries 220f

Plat décoré de sujets militaires 2900f

Petit plat sujet de la légende d'Hercule 410f

Plat creux, composition mythologique. 630f

Gd plat creux, présentant les armes du pape Jules II. 1100f

V. Monvelle, fév. 1866 :

Plat représentant le triomphe de Galatée 210f

V. à Amsterdam, mars 1898 :

Plat médaillon, femme portant des fleurs. 160f

V. Goldschmidt, avril 1898 :

Plat rond représentant la pêche de Tobie XVIe S. 320f

• *Plat rond, Adam et Eve tentés par le serpent* 355f

Groupe, Moïse frappant le rocher, XVIe S. 275f

Gourde piriforme, scène de l'histoire de Loth, avec armoiries 1655f

V. X. mai 1898 :

Bouteille, sujet de l'histoire de Déjanire, monture bronze 215f

V. Carl Becker, à Cologne, mai 1898 :

Gourde d'Orazio Fontana, à deux anses de dragons ailés, fond clair, sujet : le combat des Philistins 1387f

Bouteille du même artiste, sur pied bas, à sujets de figures mythologiques ... 1000f

Coupe à larges bords plats, de Francesco Xanto da Rovigo ; au fond Jupiter tonnant, l'aigle à ses pieds ; au loin, divinité sur les nuages 937f

Gde assiette creuse à larges bords, couleurs claires, sujet : le rêve de Jacob ; au revers l'incription : « la Scala et Iacob in visione » 1012f

V. Bourgeois à Cologne, oct. 1904 :

Plat en forme de coupe, avec pied, de Francesco Xanto, à reflets, vers 1530, sujet David vainqueur de Goliath . . . . 3750f.

Assiette creuse, du même artiste, date 1531, sujet : Ulysse et Circé . . . . . . 1100f.

Gd plat creux, du même auteur, vers 1530, un combat d'après une estampe d'Augustin Vénétien. (Diam. 0.47) . . . . 8937f.

Plat rond, à reflets métall. rouges, rubis, mordorés et bleu nacré, représentant Vulcain forgeant les flèches de l'Amour. (Diam. 0.27) . . . . 3875f.

Coupe de l'atelier de Fontana, vers 1540, aventure de Jupiter et d'Egine . . . . 187f.

Plat creux, vers 1545, la mort d'Enée, d'après le récit d'Ovide, représentée dans un riche paysage. . . . . 750f.

Flambeau milieu du XVIe S. (forme des flambeaux de bronze) sur le dessus, on voit Apollon poursuivant Daphnée ; sur la base, les armoiries des Visconti . . . . 3275f.

Assiette creuse, milieu du XVIe S., histoire de Léda . . . . 388.

Assiette creuse décorée dans la manière de Guido Durantino, vers 1550, le repas du prophète Elie . . . . 452f.

Assiette creuse, vers 1560 Mercure et Argus 525f.

Gde coupe de l'atelier de Fontana, seconde moitié du XVIe S., chasse à l'ours 1375f

Coupe d'accouchée avec pied et couvercle plat, vers 1600; l'intérieur et l'extérieur sont ornés de grotesques . . . . 312f.

V. L. Leroy, Déc 1904:

Coupe XVIe S. *déc le jugement de Salomon* . . . . 700f.

Vase de pharmacie, même ép avec médaillon à tête de vieillard . . . . 400f.

V. M.L. fév. 1905:

Coupe, combat de style antique . . . . 240f.

XV_VENISE

Venise possédait au XVIe siècle plusieurs faïenceries dont les produits, assez rares, n'offrent rien de bien remarquable

Au XVIIIe siècle, il sortit des fours de Venise des plats à larges bords, légèrement bombés, ornés de fleurs repoussées en relief se détachant parfois sur un fond coloré ; les reliefs sont cernés de traits noirs ou violets; le bassin de ces plats est décoré de paysages représentant souvent des ruines.

Les faïences de Venise sont caracterisées par la finesse, la légèreté et la densité de leur pâte qui résonne comme du métal.

On trouve sur les faïences de Venise les marques suivantes:

RECHERCHES

V Bonnaffé, janv 1904.

Deux cruches de pharmacie . . . . 200f.

V Gaillard, juin 1904 :

Gd vase vers 1570. (A v.33) . . . . . 880f.

V. Bourgeois à Cologne, oct. 1904.

Assiette creuse, vers 1560, scène de l'ancien Testament . . . . 375f.

Gd vase piriforme, fin du XVIe S., bustes de profil d'une jeune femme et d'un guerrier. . . . . 1000f.

§ 8e SUÈDE

1. MARIEBERG

Les faïences de Marieberg sont marquées des lettres MB. surmontées des trois couronnes les armes de Suède, parfois accompagnees de chiffres. indiquant la date :

MB — B 15/11 68 : MB : MB·B 14/10 68

La fabrique de Marieberg fut fondée en 1758, par *Ehrenreich* qui commença par imiter les produits français les plus renommés.

Plus tard, il décora d'un seul ton, de nombreuses pièces, par le procédé d'impression déjà en usage en Angleterre depuis 1750.

Ce décor était souvent accompagné de reliefs polychromes aux couleurs vives.

II. – RÖRSTRAND

Rörstrand, un des faubourgs de Stockholm, a fabriqué un grand nombre de faïences peintes en camaïeu bleu et à dessins cernés de noir ou de manganèse.

Cette fabrique, fondée en 1726, sous le patronage du baron *Pierre Adlerfeld*, ministre de Suède à Copenhague, fut dirigée par *Conrad Hünger* qui avait travaillé comme décorateur à la manufacture de Meissen, aussi trouve-t-on beaucoup de produits de Rörstrand rappelant les formes contournées et la décoration polychrome des porcelaines de Saxe.

Les produits de Rörstrand ont été marqués indifféremment de Rörstrand :

Rörst $\frac{4}{3}$ 70

qu'il faut lire · Rörstrand 4 mars 1770 ; ou de Stockholm, comme l'indique la marque suivante

Stockholm $\frac{14}{12}$ 78

qui se lit : Stockholm 14 décembre 1778.

§ 9e SUISSE

I. BERNE

A la fin du XVIIIe siècle, une manufacture de faïence fut établie à Berne par *Emmanuel Jean Frutting*, dans laquelle il fabriqua des poêles composés de plaques décorées de fleurs d'une habile exécution et de charmants paysages avec figures en camaïeu bleu.

Frutting marquait ses produits :

E, İ, F
1772

E I F
1772

II. ZURICH

La fabrique de Zurich produisit de belles faïences imitant la porcelaine.

Ces faïences sont marquées :

CHAPITRE 2e

PORCELAINES D'EUROPE

§ 1er FRANCE

1 _ BOURG-LA-REINE

La manufacture de Bourg-la-Reine, continuant celle de Mennecy *(voir Mennecy)* fabriqua des porcelaines tendres décorées de bouquets polychromes.

Ces porcelaines portent en creux les marques suivantes :

BR : BR *BR* : B la R

RECHERCHES

V Crignon de Montigny, mai 1899 :

Ecuelle à bouillon avec couvercle et soucoupe déc polych 490f

V. Girard, juin 1900 :

Petit cachepot déc guirlandes de fleurs. 1600f

Salière à déc. d'amours en cam. rose... 720f

V. Baronne Davillier, Déc 1904 :

Deux très petites corbeilles déc de fleurs. 300f

II _ CAEN

Les porcelaines de Caen sont marquées du mot Caen imprimé à la vignette.

caen

Elles se reconnaissent à leur décor de bouquets, guirlandes, nœuds de rubans, etc., peints sur fond jaune.

III _ CHANTILLY

La couverte des porcelaines tendres de Chantilly est opaque comme celle des faïences tandis qu'elle est transparente dans les autres.

Au début, le décor est de style oriental, mais il est bientôt remplacé par des peintures en camaïeu bleu, ou des fleurs imitées de celles de *Saxe*.

Cirou fonda cette manufacture en 1725, sous le patronage de *Louis-Henri prince de Condé*.

Les porcelaines de Chantilly sont marquées

d'un cor de chasse tracé en rouge ou en bleu, parfois le cor de chasse est accompagné du mot Chantilly ou de la lettre initiale du décorateur :

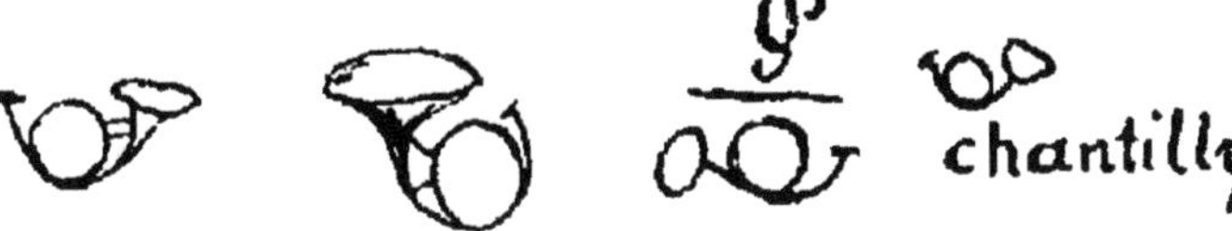

RECHERCHES

V Beurdeley, mars 1898 :

Deux cachepots déc. dans le goût japonais .. 325f

V. Crignon de Montigny, mai 1899 :

Assiette à bords contournés 110f

Chandelier forme baril, déc cam. bleu, à l'épi 125f

Gd gobelet monté sur un cercle orné d'oves en argent, déc. polych. coréen . . . 85f

V. Chaumont, fév 1900 :

Vingt-quatre assiettes, marli à vannerie, déc. cam bleu à l'œillet 260f

V. de Bonneau, avril 1900 :

Broc et sa cuvette, déc cam. bleu . . 200f

V Marquis de Thuisy, Déc. 1902 :

Assiette à sujets de chasse, cam lilas porcelaine tendre 200f

Assiette por. tend. sujet chasse au sanglier. 250f

V. Lelong, mai 1903 :

Vase côtelé, déc fleurs, por. tendre 1250f

Petit vase pot. pourri, por tendre . 920f

Deux pots de toilette avec couvercles. 3100f

V nov. 1903.

Seize assiettes déc. fleurs 450f

V. mars 1904.

Deux sucriers avec couvercles et plateaux, déc. de fleurs 180f

V. Baronne Davillier, Déc. 1904.

Sucrier et son plateau por. tendre 50f

Vase pot-pourri, à couvercle reperçé, branchages en relief, sur fond vert-pâle, por. tendre. 500f

Petit pot cylindrique, por. tendre, decoré de chinois 707f

V. Schiff, mars 1905:

Sucrier, déc. fleurs, por. tendre . 100f

Figurine, chinois accroupi, por tendre. 155f

Pot à eau avec son couvercle, por. tendre 850f

V de Mme X. mars 1905

Boîte déc. fleurs et oiseaux. 875f

" jeux d'enfants, style chinois. .. 410f

" en forme de chat, déc. de fleurs 390f

" " " . perruche 380f

" " " . cygne 155f

" " . grenouille, déc. de style chinois 170f

Boîte en forme de chien. 200f

" " " de figurine de berger étendu, déc. de fleurs. 325f

Boîte déc. marine et sujet galant. . . . 305f

(Toutes ces boîtes sont en porcelaine tendre).

V. G. R. mai 1905 :

Deux assiettes por. tendre, cam. rouge et or 355f

Deux pots por tendre, écusson armorié . 1000f

V. nov. 1905 :

Boîte forme cygne, por. tendre 275f

" " *grenouille* 310f

" " *buffle* 205f

Drageoir porc. tendre 255f

Boîte simulant 1 pèlerin étendu, por. tendre. 155f

Drageoir, personnage de style chinois . . . 900f

Deux figurines de chinois en por. tendre décorées en couleurs 1820f

IV. CHOISY-LE-ROI

Les porcelaines de la manufacture de Choisy-le-Roi, dont la fondation date de 1785, sont marquées à la vignette :

V. LA SEINIE

La fabrique de la Seinie produisit quelques porcelaines assez bien peintes, et portant la marque suivante :

LS ⋮ LS ⋮ LS

Cette manufacture située dans un territoir riche en kaolin, fabriquait surtout des pâtes qu'elle vendait aux usines éloignées.

VI. LILLE

Barthélemy Dorez et son neveu *Pierre Pélissier* fondèrent à Lille, en 1711, une manufacture de porcelaine tendre, où ils nefirent que copier celles de St Cloud. Ces produits n'ont pas le beau ton laiteux de ceux de St Cloud et les décors n'en sont pas si finement exécutés.

Les porcelaines tendres de Lille, sont marquées au début, de la lettre initiale de la ville :

Plus tard, vers 1717, Dorez devint seul propriétaire de la fabrique et marqua alors ses porcelaines de sa lettre initiale :

.D.

Les porcelaines dures de Lille, produites sous la direction de *Leperre-Durot* sont très belles et décorées avec soin.

Elles sont marquées souvent d'un dauphin couronné tracé au pinceau ou imprimé à la vignette:

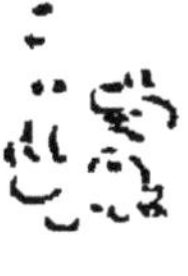

et quelquefois d'un L:

VII - LIMOGES

La manufacture de Limoges fondée en 1779, n'a produit à la fin du XVIIIe siècle, que des pièces peu remarquables; ces pièces sont marquées:

C.D. | CD | GR et Cie

Cette manufacture fut achetée en 1784.

par la manufacture de Sèvres, pour lui servir de succursale; elle la revendit peu de temps après.

VIII. MARSEILLE

La faïencerie de Marseille, sous la direction de *Robert* (voir page 15), produisit en porcelaine des oeuvres remarquables, décorées de bouquets, de fleurs détachées et de marines.

Les porcelaines de Robert de Marseille, portent les mêmes marques que ses faïences:

R R R R R

RECHERCHES

V. Gérard, juin 1900:
Deux assiettes déc. polych. 120f

IX. MENNECY

Mennecy (en Seine-et-Oise) a fabriqué un grand nombre de statuettes simplement émaillées en blanc, ou peintes en couleurs; et une quantité de petits objets: bonbonnières, boîtes à mouches, tabatières, manches de couteaux, etc..

Toutes ces pièces en porcelaine tendre, à pâte fine et transparente, sont recouvertes d'un émail très pur et décorées avec beaucoup de goût, de paysages en camaïeu de couleurs variées, ou de fleurs polychromes.

La fabrique de Mennecy fut construite en 1735, sur le domaine du duc *de Villeroy*, aussi ses produits portent-ils comme marque les initiales du duc, tracées au pinceau en or ou en bleu, ou même gravées en creux:

DV. ⋮ D.V. ⋮ **DV**

Cette manufacture fut transférée à Bourg-la-Reine en 1773.

RECHERCHES

V. Crignon de Montigny, mai 1899:

Pot à pommade, déc. de fleurs polych. 100f

V. mai 1900:

Statuette, personnage de la comédie italienne.................. 330f

V. Gérard, juin 1900:

Tabatière formée d'un chien, por. tendre, déc. polych............. 235f

Béquille de porte, tête d'homme, por. tendre, déc. polych................ 91f

Ecuelle, paysage animé, cam. rose.... 1680f

Petit vase, déc. de fleurs........ 120f

Deux pots à crème, déc. de fleurs... 150f

Petit sucrier déc fleurs 27f

Petit groupe en biscuit, sujet galant . . . 345f

Léopard assis 290f

Figurine de jeune homme jouant de la contrebasse, déc polych. (H. 0.18) 500f

V. Comtesse Fitz-james, Déc. 1902 :

Deux brûle-parfums, déc. polych. (H. 0.20 0.21, fêlures 3250f

Trois pièces : 1° vase Médicis, déc. polych., 2° carlin déc. au naturel, 3° petit poussah déc. blanc. 400f

V. Lelong. avril 1903 :

Figurine en por tendre, fillette debout . . 1550f

V Roux, mai 1903 :

Six pots à crème et leurs couvercles por. tendre. 260f

V. Rougier, mai 1904 :

Petit pot au lait avec couvercle déc. guirlande de fleurs, por. tendre 195f

V. Lieudekerke, à Bruxelle, juin 1904 :

Petite tabatière 160f

V. juin 1904 :

Trois petits vases Médicis, por tendre 280f

V. Z. Déc. 1904 :

Deux sucriers avec couvercles et plateaux, déc. de fleurs cam. bleu 790f

V. Baronne Davillier, Déc. 1904 :

Singe sur un chien, por. blanche . . . 1030f

Deux jardinières carrées, déc. fleurs bordure cam rose, por. tendre 1670f

V. Schiff, mars 1905 :

Beurrier sur son plateau, en por. tendre. 110f.
Boîte au lait déc. fleurs, por. tendre... 131f.
Pot au lait avec couvercle " " .... 160f.

V. de Mme X. mars 1905 :

Boîte déc. fleurs sur fond simulant osier .... 250f.
Boîte simulant une corbeille, déc. fleurs 350f.
" " " commode, " " . 240f.
" en forme de poule......... 200f.
" ornée d'un groupe de chiens... 305f.
" formée d'une figurine de femme accompagnée d'un chien......... 375f.
Boîte ornée d'une poule avec poussins. 280f.
" en forme de melon, déc. fleurs... 530f.
" " " de soulier......... 540f.
Flacon forme tulipe..... .... 330f.
" en forme de mule .... 600f.

V. avril 1905 :

Deux petits vases déc. fleurs....... 560f.

V. de R. avril 1905.

Deux pots à crème, déc. fleurs...... 100f.

V. G. R. mai 1905 :

Sucrier à plateau. déc. fleurs....... 330f.
Deux petits pots de toilette, déc. fleurs. 370f.

V. nov. 1905 :

Boîte - corbeille, déc. fleurs. . .. 350.

V. Delore, Déc. 1906 :

Boîte ovale à pâte gaufrée, décorée sur fond rose, de réserves à fleurettes..... 1060f.

X. ORLEANS

On fabriqua à Orléans, en porcelaine tendre vers 1760, des statuettes, ainsi que de la vaisselle de table, dont on ne retrouve aujourd'hui que de très rares spécimens. Ces porcelaines portent comme marque, peint ou gravé, le lambel d'Orléans:

A la manufacture de porcelaine dure dirigée par *Gérault*, les produits sont marqués aussi du lambel accompagné parfois d'une fleur de lis; dans les pièces courantes, la marque est bleue, et dans les pièces de choix elle est rouge ou or.

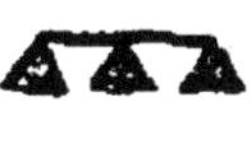

Pendant la Révolution et au commencement du XIXe siècle, la marque portant le mot Orléans fut imprimée à la vignette:

Orleans

M·B.

RECHERCHES

V Marquis de Thuisy. Déc. 1902:

Une salière et deux assiettes 125f

XI. PARIS

Manufacture du Duc d'Angoulême

Etablie rue de Bondy en 1780, par *Guerhard* et *Dihl*, cette manufacture fut une des plus importantes de Paris. Dihl y fit employer de nouvelles couleurs aux tons riches et variés, qu'il avait découvertes.

Les porcelaines de la rue de Bondy étaient marquées, avant la Révolution, d'un cachet au chiffre du duc d'Angoulême, imprimé en rouge:

Plus tard, cette marque fut remplacée par celle suivante:

Mr de
Guerhard
et Dihl

qui fit place, à son tour, au moment de la Révolution, à la marque d'autre part:

MANUFAC
de Mgr le Duc
d'angoulême
à Paris

RECHERCHES

V. Z. Déc. 1904 :

Aiguière et bassin en por. dure, déc. bleu et or . . . . 310f.

XII – PARIS

Fabrique de Clignancourt

En 1775, *Pierre Deruelle* fonda à Clignancourt une fabrique dont les porcelaines sont considérées comme étant les produits parisiens les plus parfaits de cette époque.

Ces porcelaines sont marquées en bleu, sous couverte, d'un moulin à vent :

Pierre Deruelle obtint la protection de *Monsieur* frère du roi (plus tard Louis XVIII) et marqua alors ses produits au chiffre de Monsieur, composé des lettres L. S. X. (Louis-Stanislas-Xavier) :

ou d'un M surmonté ou non d'une couronne:

M   *M*

A une certaine époque, Clignancourt imita la marque de Sèvres, par deux L entrelacés, surmontés d'une couronne ouverte au lieu d'une couronne fermée, mais le directeur de Sèvres lui deffendit de contrefaire la marque royale; aussi les porcelaines ainsi marquées sont-elles extrêmement rares.

RECHERCHES

V. de Talleyrand, mai 1899:

Paire de vases, déc. d'ornements et de feuillages à rehauts d'or, anses en bronze doré, ép. du 1er Empire . . . . 800f.

V. mars 1904:

Confiturier décoré de fleurs . . . . 185f.

XIII. PARIS

Fabrique de la Courtille

La manufacture de la Courtille, fondée par *Jean Baptiste Locré*, rue Fontaine-au-Roi, vers 1773, fabriqua des porcelaines extrêmement remarquables et imitant celles de Saxe.

Sa marque figure d'abord deux torches croisées·

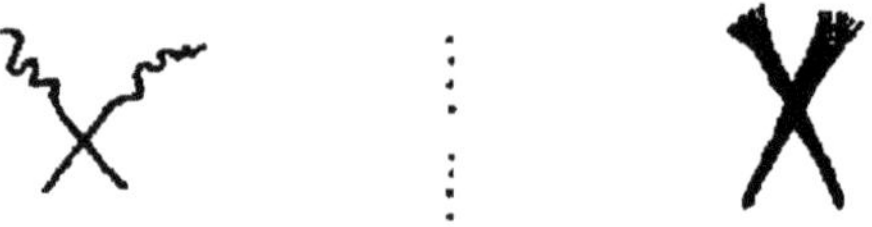

qui se transforment ensuite en deux épis également croisés, rappelant les épées de Meissen.

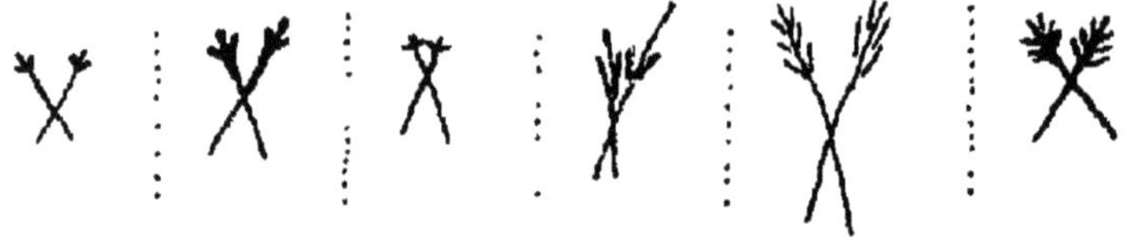

XIV_PARIS

Fabrique du Pont.aux.Choux

La fabrique fondée rue des Boulets, faubourg St Antoine, vers 1784, fut transférée rue Amelot, au Pont.aux.choux, sous le patronage de Louis Philippe-Joseph *duc d'Orléans*

Les produits de cette manufacture, connus sous le nom de porcelaines du Pont.aux.Choux étaient marqués au chiffre du duc d'Orléans:

XV. PARIS

Fabrique de la rue Popincourt

La fabrique de la rue Popincourt, fondée par *Nast*, fut transférée rue des Amandiers par les deux fils de son fondateur.

Ses produits sont marqués en rouge, à la vignette :

NAST | Nast.paris.

XVI. PARIS

Fabrique du Prince de Galles

Un Anglais nommé *Ch. Potter* dit *China*, établit à Paris, rue Crussol, une manufacture de porcelaine qui avait pour titre : « fabrique du Prince de Galles ».

Potter signait ses produits en toutes lettres avec un numéro de réassortiment :

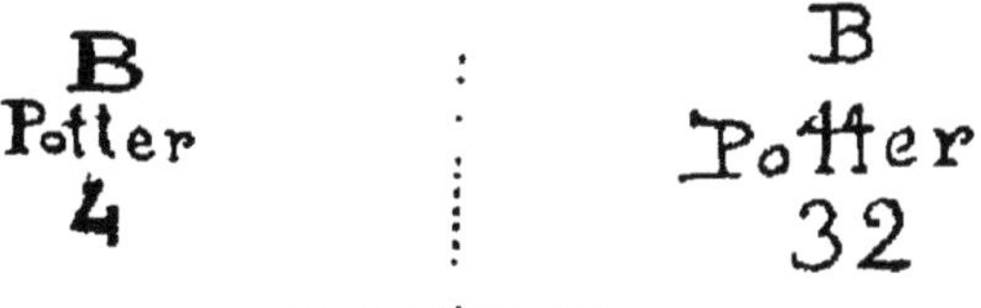

XVII. PARIS

Porcelaines à la Reine

Cette manufacture établie rue Thiroux,

en 1778, et que protégeait la Reine *Marie-Antoinette*, fit tous les genres de décors, mais se spécialisa dans le genre dit « *à barbeau* » qui consiste en un semé de bluets.

Les porcelaines (à la Reine) sont marquées d'un A avec ou sans la couronne royale :

RECHERCHES

V. Comtesse de Fitz-James, Déc 1902 :

Deux petits cachepots, déc polych. 335f

Très petit bourdaloue, déc. polych . . . 250f

V. de R. avril 1905 :

Douze tasses à café déc. polych 185f

XVIII - PARIS

Fabrique du faubourg Saint-Lazare

La fabrique de la rue St-Lazare fut fondée par *Pierre Hannong* qui fabriqua d'abord des porcelaines dans le genre de celles de Frankenthal. Plus tard, cette manufacture patronnée par le *Comte d'Artois*, frère du roi, exécuta des œuvres soignées et d'un goût plus français

Hannong marquait ses porcelaines d'un H

seulement ou de ses initiales :

Sous le patronage du Comte d'Artois, la marque se composait du chiffre du Comte, surmonté parfois de la couronne de prince du sang.

XIX _ PARIS

Autres manufactures

Il existait encore à Paris diverses autres fabriques de porcelaine dont voici les marques :

Fabrique de Chanou, faubourg St Antoine : CH

Fabrique de Dagoty, faubourg Poissonnière : Dagoty Paris

Fabrique de Dartefrères : T

Fabrique de la veuve Chicoineau, faubourg St Honoré: C M

Fabrique de Joseph Lassia, faubourg St Antoine: L | L | L

Fabrique de Morelle, faubourg St Antoine: MAP

Fabrique de Jacques Petit: J.P.

Fabrique de Schœlcher: S

Fabrique de Souroux, faubourg St Antoine. S

Fabrique de la rue de Clichy: A

Fabrique de la rue du Petit-Carousel: P / C G | P f

Fabrique de la rue de la Roquette : 

XX – ROUEN

Louis Poterat faïencier à Rouen, commença la fabrication de la porcelaine tendre, en 1690, mais il ne produisit que très peu de pièces qu'il décora de la même façon que ses faïences.

Les porcelaines de fabrication rouennaise sont marquées :

RECHERCHES

V. de Talleyrand, mai 1899 :

Paire de vases en por. tendre, déc. bleu inspiré de Bérain, monture en cuivre uni. 5900f

XXI – St CLOUD

Les porcelaines tendres de la manufacture de St Cloud, portaient comme marque, sous la direction de *Chicanneau* (voir aux faïences) le soleil de Louis XIV, tracé en bleu :

Plus tard, sous la direction de *Henri Trou*, elles portaient les mêmes marques que les faïences :

4 / 71 / T — + / S C / T — S^t C / T / o — S^t C / T

Les porcelaines de St Cloud sont admirablement fabriquées, très transparentes, décorées de lambrequins ou d'arabesques, ou encore en couleurs imitées des décors chinois et japonais.

Ce sont des tasses dites trembleuses, des salières à cuvettes décorées dans le fond, de fleurons ou de rosaces ; des jardinières, des seaux à rafraîchir, etc..

La manufacture de St Cloud fut détruite par un incendie en 1773.

Voici encore quelques marques de St Cloud

CM

RECHERCHES

V X, mai 1898 :

Deux pots avec couvercles, déc. bleu . . . 125f

V. Crignon de Montigny, mai 1899:

Cachepot déc. polych. 550f

Boîte à épices, en forme de trèfle, déc. de fleurons en camaïeu bleu . . . 1520f

Porte-huilier déc. rouennais 165f

Sucrier couvert, déc. rouennais cam bleu 255f

Salière rectangulaire, déc. cam bleu . . 85f

" " dessin de ferronnerie, cam bleu . . . 75f

Salière ronde godronnée, cam bleu . . 70f

Coquetier déc cam. bleu . . 110f

Tasse trembleuse sans anse et soucoupe, cam. bleu 72f

Tasse sans anse avec soucoupe cam. bleu, et godrons blancs 75f

Tasse ovoïde et soucoupe, cam bleu et godrons blancs 85f

Pot à pommade, déc. guirlande de fleurs 82f

Trois pommes de canne . 140f

Cachepot déc. de godrons et de fleurs 20f

Paire de cachepots déc. fleurs 255f

Gde bonbonnière déc en relief 155f

Petite cafetière avec couvercle déc. en relief. 150f

Moutardier déc fleurs en relief . 210f

Coquetier déc fleurs en relief . 115f

Deux petits pots à pommade et leurs couvercles, déc. d'aubépine en relief 160f

V Chaumont, fév 1900.

Potiche déc cam. bleu, dans le goût chinois 280f

V. M. de R Déc. 1903:

Sucrier rond avec couvercle, en porcelaine tendre blanche . . . . 170f.

V. Baronne Davillier, Déc. 1904:

Coupe à bords lobés, déc. bleu rayonnant por. tendre . . . . 315f.

Petit pot de toilette déc. bleu . 80f

Autre pot de toilette plus petit 47f.

Sucrier en porcelaine tendre, blanche 150f

Bol côtelé déc. bleu, por. tendre . . . . 46f.

Six poignées de couteaux por. tendre. 184f.

V. de Mme X. mars 1905:

Boîte en forme de chat, avec fleurs en relief . . . . 150f.

Boîte avec fleurs en relief, por tendre blanche . . . . 130f.

Boîte lenticulaire por. tendre, décorée d'un personnage oriental, d'animaux, et de motifs variés 1500f

V Guilhou, mars 1905.

Pomme de canne por. tendre . . . . . . 18f.

Boîte por tendre blanche . . . 95f

XXII. SCEAUX

On trouve sur les porcelaines de *Sceaux* les mêmes marques que sur les faïences, avec cette différence qu'au lieu d'être peintes, elles sont gravées dans la pâte.

S·X SX S:P

S·X

RECHERCHES

V. X. mai 1898 :

Fontaine couverte, déc. polych . . . 595f

V. Crignon de Montigny, mai 1899.

Pot à pommade avec couvercle, déc. polych. 170f

Petite marmite à anse, sur trois pieds... 55f

V. Gérard, juin 1900 :

Sucrier déc. fleurs en bleu 50f

Tasse déc fleurs, por. tendre 13f

V. Marquis de Thuisy, Déc 1902.

Assiette à déc fleurs et à marli gaufré. 150f

V. Deleuze, fév. 1903 :

Petit vase porte-bouquet, por tendre, en forme de balustre, déc bleu et or. . 505f

XXIII. SÈVRES

La manufacture nationale de Sèvres dont la réputation est si justement méritée, eut son berceau à Vincennes, aini que nous le verrons plus loin

Jusqu'en 1770, la manufacture de Sèvres ne produisit que de la porcelaine tendre.

Les riches gisements de kaolin de St Yrieix, près de Limoges, découverts en 1768, par la femme d'un chirurgien du pays nommé *Darnet* et reconnus par le savant chimiste *Macquet*, attaché à la manufacture de Sèvres, permirent à ce dernier de produire de la porcelaine dure et le 21 décembre 1769, en présence de toute la cour, Macquet put présenter à Louis XV, à Versailles, les 60 premiers spécimens de la nouvelle porcelaine.

Quand la manufacture était établie à Vincennes, la marque était facultative et les pièces principales seules étaient marquées

L'arrêté du conseil du 19 août 1753 permit de marquer au chiffre du roi et rendit cette marque obligatoire :

En outre, chaque marque devait être accompagnée d'une lettre servant à déterminer la date de fabrication de la pièce sur laquelle elle était posée : la lettre A pour 1753, B pour 1754, et ainsi de suite. En 1776, arrivé à la lettre Z, on recommença une nouvelle

série avec doubles lettres, comme on le voit au tableau ci-dessous.

Sur certaines pièces, la lettre R qui correspond à 1769, fut remplacée par une comète, pour rappeler la comète apparue cette année là.

A	1753	P	1767	EE	1781
B	1754	Q	1768	FF	1782
C	1755	R ou ☄	1769	GG	1783
D	1756	S•	1770	HH	1784
E	1757	T	1771	II	1785
F	1758	U	1772	KK	1786
G	1759	V	1773	LL	1787
H	1760	X	1774	MM	1788
I	1761	Y	1775	NN	1789
K	1762	Z	1776	OO	1790
L	1763	AA	1777	PP	1791
M	1764	BB	1778	QQ	1792
N	1765	CC	1779	RR	1793
O	1766	DD	1780		

De 1793 à 1799, l'ancienne marque fut remplacée par l'une des trois marques suivantes que l'on employait indistinctement.

R Sevres	R.F sèvres	RF Sèvres.

En 1800 le monogramme est supprimé, il ne reste que le mot Sèvres.

Sèvres

De 1801 à 1804 les porcelaines de Sèvres sont marquées :

M N[le]
Sèvres
— // —

De 1804 à 1809, cette marque est remplacée par celle ci-dessous, imprimée en rouge à la vignette :

M Imp[le]
de Sèvres

En 1810, cette dernière marque est remplacée par l'aigle impériale imprimée en rouge et entourée des mot « manufacture impériale Sèvres.

De 1801 à 1817, chaque marque est accompagnée de chiffre, signe ou lettres indiquant l'année, comme on le voit au tableau suivant

oz mis pour *onze*, *dz* pour *douze*, etc..

T. 9.. an 9. 1801	7.... .1807	tz......1813
X....an X. 1802	8.. .1808	qz......1814
11 ....XI. 1803	9.. ...1809	qn. 1815
≑..... 1804	10 1810	sz.....1816
-//-...... 1805	oz.. .1811	ds......1817
ᗑ. .1806	dz. ...1812	

La marque impériale fut remplacée à la Restauration par les deux L entrelacées, portant au centre une fleur de lis, le mot Sèvres et les deux derniers chiffres du millésime.

Pendant le règne de Charles X, le chiffre du roi, avec ou sans fleur de lis et le mot Sèvres accompagné des deux chiffres du millésime, remplaça cette marque.

En 1829 et 1830, les deux C sont surmontés d'une couronne royale et accompagnés des mots *décoré à Sèvres*:

Sur les pièces simplement dorées, il n'y a qu'un C surmonté d'une couronne, ou une fleur de lis au dessous de laquelle, le mot Sèvres, toujours accompagné des deux derniers chiffres du millésime.

De 1830 à 1834, on employa un cachet circulaire portant au centre le mot *Sèvres* surmonté d'une étoile:

De 1835 à 1848, le cachet circulaire porte le chiffre du roi, avec la couronne royale accompagnés du mot Sèvres et du millesime entier :

Les porcelaines destinées aux châteaux royaux sont marquées d'un cachet circulaire portant au centre le nom du château.

Sous la deuxième République, la marque est un cachet portant au centre les lettres R. F et au dessous l'S initiale de Sèvres, avec les deux derniers chiffres du millésime :

Sous le second Empire et jusqu'à la fin de 1854, on se servit de l'aigle éployée accompagnée de la lettre S et des deux derniers chiffres de l'année.

S 55

A partir de 1855, l'aigle fut remplacée par un N surmonté de la couronne impériale avec le mot doré ou décoré à Sèvres et la date.

Depuis 1871, la marque consiste en un cachet circulaire à double filet, portant au centre les lettres R.F. entrelacées avec le mot doré ou décoré à Sèvres et la date.

Pour éviter les nombreuses contrefaçons des marques de Sèvres, on se servit, à partir de 1848, d'une marque supplémentaire imprimée sur le biscuit avec du vert de chrome; cette marque sous émail est impossible à contrefaire.

Au commencement de 1848, cette marque portait le chiffre du roi :

Elle fut remplacée par le cachet ovale dont

on se sert encore aujourd'hui, portant la lettre S avec les deux derniers chiffres de la date.

S.74

A la première cuisson, toutes les pièces qui sortent du four avec un défaut, sont mises au rebut et vendues en blanc, c'est-à-dire sans être décorées ; la marque supplémentaire est alors coupée au moyen d'un coup de roue qui en entame l'émail

On peut donc considérer comme absolument fausses toutes les pièces décorées ayant la marque supplémentaire coupée : la porcelaine est bien de Sèvres, mais le décor a été fait ailleurs. Ces porcelaines de rebut vendues en blanc ne portent que la marque supplémentaire coupée d'un coup de roue : Si donc on présente à un collectionneur une pièce de rebut décorée et portant la marque ordinaire, le collectionneur peut être sûr que la pièce est fausse.

Presque toujours les marques de Sèvres sont accompagnées de signes, emblèmes ou monogrammes adoptés par le doreurs et les décorateurs qui ont travaillé sur la pièce, telle que la marque suivante, qui est celle de *Fontaine* peintre d'attributs.

Plusieurs artistes signaient leur œuvres en toutes lettres, ce sont :

Baldisseroni peintre de figures,
Bieuville H. . . . . d'ornements,
Brécy . . . . „ . . . . „
Brunel . . . . de figures.
Bulot . . . . „ . . de fleurs.
Cool (Mme). . . . . „ . . de figures.
Courcy (Frédéric de) „ . de figures et genre.
Degnault . . . . „ . . de figures,
Doat T. . . . . „ „
Forgeot E. . . . . . . „ . . „ „
Fournier E. . . . . . . „ . . d'ornements.
Foment . . . . . „ . de figures et genre.
Gallois (Mme). . . . „ . . de figures.
Garneray. . . . . „ . . de paysages.
Goddé . . . . „ . . d'émaux en relief.
Hamon . . . . „ . . de figures.
Jaccober „ . . de fleurs et fruits.
Jacquotot (Mme) . . . „ . . de figures et sujets.
Jadelot (Mme). . . . „ . . de figures.
Langlois. . . . . „ . . de paysages.
Laurent (Mme) . . . „ . . de figures et sujets.

Lessore . . . . . peintre de figures.
Maugendre . . . . " . . . . . " . . . . . " . .
Meyer-Heine . . . . " . . . d'ornemts sur émail
Parant . . . . de figures.
Philip . . . . décorateur sur émail
Rodin . . . . . peintre de figures.
Roger J. . . . . . . " . . . . " . . . " . .
Schilt Abel . . . . " . . . . " . .
Solon (Mme) . . . . " . . . .
Treverret (Melle de) " . . . . " . . . . " . .
Van Marck . . . . de paysages
Van Os . . . . de fleurs et fruits.

TABLEAU
des
MARQUES ET MONOGRAMMES
des Artistes de la Manufacture de Sèvres
depuis sa création, jusqu'en 1800.

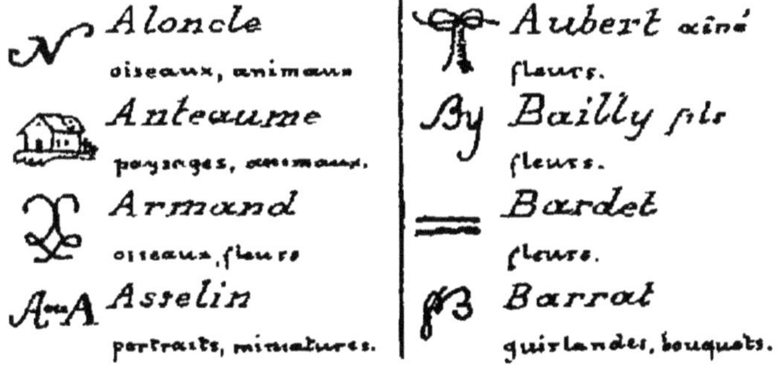

B *Barre* — bouquets détachés

BD *Baudouin* — ornements, frises

Becquet — fleurs.

6. *Bertrand* — bouquets détachés.

Bienfait — dorure.

T. *Binet* — bouquets détachés

SC *Binet (Mme)* — fleurs

Boucher — fleurs, guirlandes.

Bouchet — paysages, fleurs.

Y. *Bouillat* — fleurs, paysages.

B *Boulanger* — bouquets détachés

Boulanger fils — sujets pastoraux, enfants.

Bn. *Bulidon* — bouquets détachés

m.b. ou MB *Bunel (Mme)* — fleurs.

Buteux père. — fleurs, attributs.

9. *Buteux fils aîné* — bouquets détachés

Buteux fils jeune — sujets pastoraux, enfants

Capelle — frises.

Cardin — bouquets détachés.

5. *Carrier* — fleurs.

C. *Castel* — paysages, chasses.

Caton — sujets pastoraux.

Catrice — fleurs, bouquets.

ch. *Chabry* — miniatures, pastorales.

JD *Chanou (Mme)* — fleurs.

cp *Chapuis aîné* — fleurs, oiseaux

jc *Chapuis jeune* — bouquets détachés

Chauveau père — bouquets, oiseaux.

j.n. *Chauveau fils* — bouquets, dorure

Chevalier — fleurs, bouquets.

Choisy (de) fleurs, arabesques.

Chulot fleurs, attributs.

C. m. *Commelin* guirlandes, bouquets.

Cornaille fleurs, bouquets détachés

Coutirier dorure

Dieu chinois, fleurs, dorure.

Dodin figures, sujets divers.

DR *Drand* chinois, dorure

Dubois fleurs, guirlandes.

D. *Dusolle* bouquets détachés.

D T *Dutanda* bouquets, guirlandes

Evans oiseaux, papillons

F *Falot* papillons, oiseaux

Fontaine attributs

Fontelliau dorure

Y. *Fouré* fleurs, bouquets.

Fritsch enfants, figures.

Fumez bouquets détachés

Gauthier paysages, animaux

G *Genest* figures et genre.

Genin fleurs, guirlandes.

Gd *Gérard* sujets pastoraux.

Gérard (Mme) fleurs.

Girard chinois, arabesques

Gomery fleurs, oiseaux.

Gt. *Gremont* bouquets guirlandes.

X. *Grison* dorure.

Henrion guirlandes, bouquets.

h. c *Héricourt* bouquets, guirlandes.

Hilken sujets pastoraux.

Houry fleurs.

Huny bouquets détachés

Joyau bouquets détachés

Jubin dorure

La Roche fleurs, attributs.

Le Bel aîné figures et fleurs.

Le Bel jeune guirlandes, bouquets.

Léandre sujets pastoraux.

Lecot chinois

Ledoux oiseaux, paysages.

Le Guay dorure.

Lequai chinois, enfants.

Levé père. oiseaux, fleurs.

Levé Félix. fleurs, chinois.

Maqueret (Mme) fleurs.

Massy groupes de fleurs.

Mérault aîné frises.

Mérault jeune. bouquets, guirlandes.

Micaud fleurs bouquets.

Michel bouquets détachés.

Moiron bouquets détachés.

Mongenot fleurs. bouquets.

Morin militaires, marines.

Mutel paysages.

Niquet bouquets détachés.

Nouailhier (Mme) ornements.

Durosey (Mme) fleurs

Pajou figures

Parpette fleurs, bouquets.

Parpette (Mlle) fleurs.

P.T. *Petit*
fleurs

Pfeiffer
bouquets détachés

P.H. *Philippine*
enfants.

P.a.o *Pierre aîné*
bouquets, fleurs

P.J. *Pierre jeune*
bouquets, guirlandes.

S.t. *Pithon aîné*
sujets d'histoire

S.j. *Pithon jeune.*
figures, ornements

Pouillot
bouquets détachés

HP. *Prévost*
dorure

Raux
bouquets détachés

Rocher
figures, miniatures

Rosset
paysages

R.L. *Roussel*
bouquets détachés

S.h *Schradre*
oiseaux, paysages

Sinsson
fleurs, groupes

Sioux aîné
bouquets, guirlandes.

Sioux jeune
fleurs, guirlandes

Tabary
oiseaux

Taillandier
bouquets, guirlandes

Tandart
groupes de fleurs.

Tardi
bouquets détachés

Théodore
dorure.

Thévenet père
fleurs, groupes.

jt *Thévenet fils*
ornements, frises

Vaudé
dorure, fleurs

W *Vavasseur*
arabesques.

Vieillard
attributs

2000 *Vincent*
dorure

Xrowet
fleurs, arabesques

Yvernel
paysages, oiseaux

TABLEAU
des
MARQUES ET MONOGRAMMES
des Artistes de la Manufacture de Sèvres
depuis 1800

Marque	Artiste
J.A	*André* Jules paysages
AP	*Apoil* figures, sujets
EAP	*Apoil* (Mme) figures
A	*Archelais* ornements
P.A	*Avisse* ornements
B	*Barré* fleurs
.B	*Baquet* ornements
AB	*Barbin* ornements
B	*Barriat* figures
AB	*Belet* Adolphe ornements
B	*Belet* Emile fleurs, oiseaux.
B	*Belet* Louis ornements
Br	*Béranger* figures
HB	*Bieuville* ornements.
B	*Blanchard* ornements
AB	*Blanchard* ornements.
B.T.	*Boitel* dorure
AB	*Bonnuit* décorateur
AB	*Boullemier* Antoine dorure
F.B	*Boullemier* aîné dorure.

Bf	*Boullemier fils* dorure	D.F.	*Delafosse* figures
Bcy	*Brécy* ornements	DG	*Derichsweiler* décorateur
AB	*Briffaut* ornements	D. P.	*Desperais* ornements
B	*Bulot* fleurs, oiseaux.	Dh	*Deutsch* ornements.
Bx.	*Buteux* fleurs.	C.D	*Develly Charles* paysages
JC	*Cabau* fleurs	JD	*Devicq* figures
C.P	*Capronnier* dorure	D.I	*Didier* ornements
J. C	*Célos* ornements	DP	*Doat* figures
LC	*Charpentier* décorateur	D.C	*Drouet* fleurs
F.C.	*Charrin (Melle)* portraits	ED	*Drouet Emile* figures
CC	*Constant* dorure	A.D.	*Ducluzeau (Mme)* figures, sujets.
C.T.	*Constantin* figures	Dy	*Durosey* dorure
FC	*Courcy (Frédéric de)* figures	E	*Escallier (Mme)* fleurs
AD	*Dammouse* figures,	HF	*Faraguet (Mme)* figures, sujets
D.F	*Davignon* paysages	F	*Ficquenet.* fleurs, ornements.

Marque	Nom
F.	*Fontaine* fleurs.
[monogramme]	*Fournier* ornements
[monogramme]	*Fragonard* figures, genres
E F	*Froment* figures, genre
Gu	*Ganeau fils* dorure
[monogramme]	*Gebleux* ornements
J.G.	*Gély* ornements
G.G	*Georget* figures, portraits.
Gob.R	*Gobert* figures.
D.G.	*Godin* dorure
F G	*Goupil* figures
[monogramme]	*Guillemain* décorateur
[monogramme]	*Hallion Eugène* paysages
H	*Hallion François* décorateur
h.d.	*Huard* ornements.
E.H.	*Humbert* figures
E	*Julienne* ornements
H	*Lambert* fleurs
LGcé	*Langlacé* paysages.
L.B.	*Le Bel* paysages
L	*Legay* ornements
L.G.	*Le Gay* portraits
L G	*Legrand* dorure.
A.L	*Ligué* ornements
C.L	*Lucas* ornements
[monogramme]	*Martinet* fleurs
[monogramme]	*Maugendre* ornements
E de M	*Maussion (Melle) de* figures
[monogramme]	*Mérigot* ornements
[monogramme]	*Meyer Alfred* figures

MC *Micaud* dorure

M *Milet Opte* décor

MA *Moreau* dorure

AM *Moriot* figures

M *Moriot (Melle)* figures, genre.

P *Paillet* figure, genre

P.P *Parpette (Melle)* fleurs.

Ph *Philippine* fleurs, ornements

P *Pihan* ornements

P *Pline* dorure, décor.

P *Porchon* ornements

P *Poupart* paysages

R *Régnier Ferdinand* figures, sujets divers.

JR *Regnier Hyacinthe* figures

R *Réjoux Emile* décor

E 1000 *Renard Emile* décor

EMR *Richard Emile* fleurs

ER. *Richard Eugène* fleurs.

FR *Richard François* décor

Jh.R. *Richard Joseph* décor

Richard Paul dorure, décor.

Rx *Riocreux Désiré* fleurs.

R *Riocreux Isidore* paysages

GR *Robert (Mme)* fleurs, paysages.

R *Robert Jean Fois* paysages

PR *Robert Pierre* paysages

JR *Roger* ornements

PMR *Roussel* figures.

S *Sandoz* ornements

ES *Schilt Louis Pierre* fleurs.

Marque	Peintre	Marque	Peintre
[monogram]	*Sieffert* figures et genre.	J.T.	*Trager Jules* fleurs, oiseaux.
S.S.p	*Sinsson père* fleurs	T	*Troyon* ornements
[monogram]	*Solon* figures	HU	*Uhlrich Henri.* ornements
S. W	*Swebach* paysages, genres	V	*Vignol* ornements.

RECHERCHES

SUR LES PORCELAINES DE SEVRES

V. de Bryas, avril 1898 :

Statuette de Jeannot en biscuit . . . . 300 f

V. X., mai 1898 :

Tasse mignonnette et sa soucoupe, lettre D (1756) décor par Tandart (voir sa marque au tableau). . . . . 350 f

Groupe : Ovide consolé par l'Amour et l'Espérance . . . . 300 f

V. Goode, à Londres, mai 1898 :

Trois vases en pâte tendre, à fond rose Dubarry, enrubanné de vert, décorés de sujets champêtres par Morin (voir son monogramme). Le motif du milieu a la forme d'un vaisseau encadré par deux jardinières en forme d'éventails, vendus ensemble . . . . 160.000 f

Ces trois vases proviennent d'un

cadeau fait par le roi à la Dubarry; ils sont en Angleterre depuis 1802. M. Goode les avait achetés de lord Dubley au prix de 250.000f.

V. Beurdeley, mars 1899 :

Ecuelle, couvercle et plateau en pâte tendre, déc médaillon, animaux se détachant sur fond vert rehaussé de dorures année 1776, déc. par Aloncle 5900f

Tasse et soucoupe à déc. de zônes, dorure de Vincent 167f

Plateau octogonal, réserve contenant une corbeille de fleurs sur fond bleu de roi, déc. par Xrowet 595f

Ecuelle avec plateau et couvercle, pâte tendre, déc. de médaillons contenant des algues, fond bleu de roi, avec rehauts d'or par Le Guay. 5500f

Cabaret solitaire, por. tendre, à déc. de médaillons en grisaille et guirlandes de laurier en couleurs et dorure sur fond bleu de roi 6300f

V de Talleyrand, mai 1899 :

Plateau rectangulaire, fond rosé, à œils de perdrix, avec médaillons 2100f

Deux tasses et soucoupes déc. de bouquets de roses détachées. 145f

Deux tasses avec soucoupes, déc. à fleurs et feuillage, médaillon à initiales de fleurs. 410f

Coupe ronde et profonde avec couvercle

fond bleu de roi uni, garnie d'une monture en bronze ciselé et doré. (H 0.32) 7650f

Paire de vases avec couvercles, forme ovoïde, fond blanc, à bouquets de roses, monture bronze ciselé et doré, ép. L XVI. 7600f

Paire de vases fond gros bleu à rehauts d'or, le milieu à guirlandes de fleurs et feuillage sur fond jaune, ép. du Ier Empire. 1000f

Ces vases furent offerts par l'empereur au duc de Talleyrand

V. du 2 juin 1899:

Service de table pâte tendre, à fond vert rehaussé de festons de fleurs et d'ornements en dorure, et à médaillons de fleurs en couleurs, composé de 36 assiettes, 4 compotiers, 5 plateaux, 4 sucriers, 2 confituriers, 1 rafraîchissoir et une salière .. 11.000f

Ecuelle ronde couverte, avec plateau ovale, p. t. tendre, fond bleu turquoise, à médaillons (lettre I) 1600f

Ecuelle décorée d'un semis de myosotis et de bouquets de roses (lettres HH). 250f

Deux petits vases-balustres quadrilobés déc. de festons de fleurs, (lettre H) 1130f

Petit déjeuner solitaire, déc. de petits compartiments de fleurs avec entre-deux de feuillage en or et couleurs (lettre N) 2650f

V. amiral Bridges-Rice, à Londres, fév. 1903:

Vase oviforme avec couvercle, fond bleu turquoise, décoré d'une vue de port de *mer avec navires et personnages en couleurs, bordure dorée 50,000f*

Ecuelle avec couvercle, déc. de fleurs en couleurs et arabesques sur fond jaune pâle, (signé : Noël et daté 1788). . 25,000f

Cabaret décoré de bouquets de fleurs, peints par Boulanger en 1764, dorure par Théodore 7875f

Garniture de trois vases oviformes, avec couvercles, déc. d'enfants, de trophées et de bouquets de fleurs peints par Castel en 1757. . . . . 3150f

V. Lelong., Avril 1903 :

Plateau décoré par Thévenet père, de guirlandes de laurier, bordure ajourée, (Année 1764) 4200f

Deux rafraîchissoirs ornés chacun de deux médaillons, amour et allégorie des arts, sur fond bleu turquoise. déc. par Dutanda en 1765. . . . . 36 000f

Tête-à-tête orné de roses semées au milieu de guirlandes et feuillages en couleurs, par Xrowet, année 1758 . . . . . 5900f

Aiguière et bassin émaillés bleu turquoise, année 1772, déc. par Leguay et Chauveau père 5.000f

Ecuelle avec plateau à fond vert, ornés de réserves à fleurs, par Lebel aîné, année 1775. . . . . 5500f

Tasse et soucoupe décorées d'un

semis de pois dorés (H. 0,05) 78f
Trois pots à crème, en forme de vases à déc. de fleurs sur fond vert 800f
Tasse-trembleuse avec présentoir, déc. de rayures multicolores . 600f
Tasse droite et soucoupe, déc. de roses sur fond à œils de perdix vert clair . . 1300f
Pot à lait orné d'un lambrequin vert et de fleurs, par Taillandier . 1850f
Saladier dit feuille de chou . 640f
Plateau déc. fleurs et filet bleu . . 250f
Gd plat décoré d'un bouquet de fruits et de fleurs, marli vert 6300f
Tête-à-tête décoré en 1753 par Taillandier, de fleurs, avec bordure lambrequinée, émaillée bleu turquoise. 11.100f
Deux salières déc. fleurs dans des réserves sur fond vert, année 1757 . 3620f
Deux petites jardinières carrées, déc. de fillettes et de jeunes garçons, année 1757. . . . . . . 20.000f
Deux compotiers déc. fleurs par Chulot 465f
Pot à eau décoré sur fond bleu turquoise d'une réserve, année 1758. . . . 3100f
Cabaret solitaire déc. de réserves à fleurs et attributs divers sur fond chiné bleu et rose, années 1761 et 1762. . 28.000f
Deux cachepots ornés de guirlandes de fleurs enrubannées en cam. rose par Levé père, en 1762. . . . . 3100f

Plateau orné de couronnes de fleurs et de quadrillés dorés à fond bleu et blanc par Mérault aîné en 1762 . . . 5020f

Tasse droite avec couvercle et plateau, ornée d'amours et de fleurs, par Mérault jeune, année 1764 . . . 4100f

Tasse mignonnette et soucoupe, déc de médaillons de fleurs sur fond bleu turquoise, année 1779, par Taillandier. 2100f

Deux cachepots ornés d'une bande émaillée bleu turquoise, par Niquet, année 1784 . . . . 2000f

Deuxième V. Lelong, mai 1903 :

Vase de nuit déc de fleurs 1763 . . . 215f

Bourdaloue déc. fleurs 475f

Pièce de surtout composée d'un plateau rond à bords contournés, à déc. de guirlandes de fleurs, d'ustensiles et d'attributs de jardinage, année 1764, décor par Catrice 1200f

Beurrier rond, sur plateau fixe, avec couvercle, déc. fleurs et filets bleus 157f

Statuette en por. blanche, de personnage bossu ; sur le socle on lit « le Docteur Fagon » 200f

Deux statuettes en biscuit, paysan et paysanne 2180f

Sucrier et pot à lait avec couvercles et soucoupe, ornés d'enfants dans des paysages, et d'oiseaux, par Buteux aîné . . . 1925f

Socle rectangulaire orné de quatre compartiments à sujets allégoriques, sur fond bleu, déc. par Dodin.(0.19×0.14).5600f.

Petit sucrier orné de guirlandes de fleurs, en carm. carmin et dents de loup en dorure, année 1756, par Sioux jeune. 650f.

Plaque, l'Amour bandant son arc, déc. par Dodin 1765 . . . . 7000f.

Deux salières à réservés contenant des oiseaux sur fond bleu de roi, par Noël. 1220f.

Confiturier double, entre les deux récipients, un médaillon de fleurs, décoré par Prévost, en l'année 1775. . . . 820f.

Théière, sucrier, deux tasses et 2 soucoupes, déc. de fleurs . . . . 1560f.

Deux plaques décorées par Pierre jeune, de bouquets de fleurs et de rubans bleus . . . . 610f.

Statuette en biscuit bleu et blanc femme assise sur le bord d'une baignoire . . . . 1000f.

V. Roux, mai 1903 :

Tasse couverte et présentoir, en pâte tendre, décorés sur fond jaune, de fleurs, d'oiseaux et d'arabesques par Levé père. 7400f.

Tasse droite et soucoupe, por tendre décorée au centre d'un médaillon, représentant un paysage par Bouchet. 289f

V. nov. 1903 :

Tasse en por. tendre, médaillon

représentant une fillette sur fond rose... 500f

Soucoupe por tendre, déc. fleurs 205f

V. mars 1904 :

Petite coupe à deux anses, déc. de fleurs pâte tendre, époque de la Révolution .. 155f

Tasse droite et soucoupe, déc fleurs, bordure bleue, pâte tendre, même ép. .. 102f

V. Mame, avril 1904 :

Groupe en biscuit, scène familiale ... 700f

Socle ovale émaillé bleu, por. dure .. 45f

Deux vases Médicis émaillés bleu, dates 1865 et 1885. .... 125f

V. Rougier, mai 1904.

Tasse droite et soucoupe, en porcelaine tendre, ornées de fleurs sur fond gros bleu, date 1774, déc. par Tandart.. 490f

V. Lieudekerke à Bruxelles, juin 1904 :

Déjeuner de six pièces, déc polych. de fleurs en réserves sur fond bleu royal, peint par Chauveaux fils. 725f

Tasse et soucoupe déc. paysage, avec figures, sur fond violet rehaussé d'or, 1799, par Bouchet 220f

V. Juin 1904.

Deux tasses avec soucoupes, un sucrier et un pot à lait, décorés par Noël .. 230f

Compotier en por tendre décoré par Binet 100f

V. Z. Déc. 1904 :

Assiette à fleurs, marli bleu caillouté d'or, à réserves de fleurs, par Noël 170f

Deux compotiers-coquilles, réserves de fleurs sur fond vert, déc. par Pierre jeune 420f.

Tasse et soucoupe décorées de réserves à oiseaux sur fond bleu turquoise, avec le mot « Trianon » sous chaque pièce . . . . 100f.

V. avril 1905 :

Tasse droite et soucoupe, por. tendre, déc. jeune femme pêchant et adolescent tenant un oiseau, fond bleu . . . . . . 1255f.

Petite tasse et soucoupe en por. tendre, ép. révolutionnaire. . . . . . . 51f.

V. Boas-Berg, à Amsterdam, nov. 1905 :

Paire de cachepots à anses, pâte tendre déc. polych. par Fontaine, année 1768 . . . 2205f.

Paire de vases polych. et dorés, fond bleu royal, réserve à oiseaux. . . . . . . 7197f.

Tasse conique sur soucoupe polych., travail de Vavasseur en 1766 . . . 500f.

V. Hakki-Bey, mars 1906 :

Coupe ajourée, déc polych., époque de Louis-Philippe. . . . . . 132f.

V. Dalou, Déc. 1906 :

Buste de femme par Carpeau (H. 0,53) . 185f

Flore accroupie, par « (H 0 53) . . 275f.

Paysan, par Dalou (H 0.82) 105f.

Jeune mère, par Dalou (H 0.52) . 300f.

Liseuse, par Dalou. (H 0.51) . 305f.

La Vérité, par Dalou (H. 0 21) . . 155f.

Les Chatiments, par Dalou (H. 0.30) 65f.

Le Centaure par Frémiet. (H. 0.45) 780f.

V. X., janv. 1907 :

Deux tasses por. tendre, l'une à pois dorés sur fond bleu, l'autre à décor d'oiseaux et de bandes. 285f

---

XXIV - VALENCIENNES

Les porcelaines de Valenciennes sont souvent marquées en toutes lettres, ou en abrégé :

VALENCIEN

Elles sont parfois marquées d'un L et d'un V entrelacés : lettres initiales de *Lamoninary*, directeur de la fabrique, et de Valenciennes :

Cette manufacture fut établie en 1783 par *Fauquez*, qui eut pour successeur son beau frere Lamoninary. Elle a produit de tres belles porcelaines dont des statuettes remarquables

---

XXV - VINCENNES

Aprés avoir travaillé à St Cloud et à Chantilly.

les frères *Dubois* vinrent proposer au marquis *Orry de Fulvy* de lui vendre le secret de la fabrication de la porcelaine.

Le marquis accepta leur coucours, et obtint du roi l'abandon du manège du château de Vincennes où il fit établir une fabrique de porcelaine.

Après quatre années d'essais infructueux, les frères Dubois furent contreints de quitter Vincennes, et le marquis Orry de Fulvy, découragé par son insuccès, allait abandonner l'entreprise, lorsqu'un ouvrier sérieux de la manufacture, *Gravant*, lui demanda de continuer.

Le succès couronna les efforts de Gravant et Orry de Fulvy constitua alors (1745) une société au capital de 90.000 livres, qui fut augmenté la même année et porté à 250000 livres.

Le 24 Juillet 1845, Louis XV reconnut l'existence de la nouvelle société pour une durée de vingt ans et lui donna en 1747, 40.000 livres, puis 30.000 livres l'année suivante, et 30.000 encore en 1749. Il chargea *Hellot* de l'académie des sciences, de surveiller la fabrication, l'orfèvre *Duplessis*, de fournir des formes nouvelles et le peintre en émail *Mathieu*, de diriger la peinture et la dorure.

En 1751, la mort du marquis de Fulvy

fut cause de la dissolution de la première société, une seconde société fut constituée par arrêt du couseil du 19 août 1753.

C'est alors que le roi, voyant les immenses progrès de la manufacture de Vincennes, s'intéressa pour un tiers à son exploitation et l'autorisa à prendre le titre de «*Manufacture royale de porcelaines de France*», et à marquer dorénavant à son chiffre, les pièces de sa fabrication.

Mais le développement considérable qu'avait pris cette manufacture, rendant les locaux trop petits, on la transféra en 1756, à Sèvres, dans les bâtiments construits sur l'emplacement du château de Lulli.

Les porcelaines de Vincennes portent les différentes marques suivantes :

RECHERCHES

V de Bryas, avril 1898 :

Bol, chocolatière et tasse avec sa soucoupe, les quatre pièces 875f

V. marquis de Thuisy, Déc. 1902 :

Bol orné de fleurs 200f

Assiette déc. feuille de chou 225f

Deux petits plateaux, cam. rose 1754 ... 1210f.
Assiette déc. amour en cam. rose .. 170f.

V Lelong, mai 1903:

Pot de toilette cylindrique, à fond bleu déc. d'oiseaux, année 1753. .... 360f.
Sucrier déc. de fleurs avec lambrequins bleus, année 1753. .... 270f.
Soupière avec couvercle, à déc. de fleurs et hachures bleues, année 1755 . 420f.
Deux petites jardinières carrées, à déc. en cam rose, d'amours sur des nuages; année 1754. .... 11.000f.

V. nov. 1903.

Deux assiettes, déc. fleurs en cam. violet. 100f.

V. Déc. 1903.

Coupe, paysage animé et fleurs. . . 314

V juin 1904

Plateau lobé, déc. de fleurs, 1754 : . . 180f.
Pot à eau décoré par Tandart 1754 .. 205f.

V Baronne Davillier, Déc. 1904:

Cachepot décoré de vues de ports de mer 1000f.
Ecuelle décorée de fleurs . . . . 1300f.

V de Mme X. mars 1905:

Boîte à déc. de fleurs, avec devise sur fond émaillé blanc, monture or. . . 2300f.
Médaillon rond déc. fleurs. ..... 100f.

V. avril 1905

Service à thé à déc. de réserves sur fond bleu ..... 2620f.
Beurrier à réserves sur fond bleu 800f.

Plateau avec six pots à sorbets déc. fleurs sur fond bleu 1600f

VGR. mai 1905:

Deux vases à déc d'oiseaux sur fond œils de perdrix 4700f

Ecuelle avec couvercle et plateau déc fleurs 410f

---

Ci. dessous les marques de diverses autres manufactures françaises d'importance secondaire :

ARRAS	AR
BAYEUX	G BAYEUX +
BORDEAUX	AV
BOISETTE	B. ou B.
CHATILLON	Chatillon
ETIOLLES	MP

TOUR D'AIGUES 

VAUX 

§ 2e ALLEMAGNE

1 - ANSPACH

Les porcelaines d'Anspach en Bavière, sont marquées d'un A.

Elles sont d'un fabrication très soignée, et décorées d'oiseaux et de fleurs.

RECHERCHES

V. Gérard, juin 1900.

Six assiettes décorées de fleurettes 50f.

II-BERLIN

Jaspard Wegeli fonda la manufacture de Berlin en 1750; en 1760, un banquier nommé *Gottkowsky* en devint propriétaire et la revendit lui-même trois ans après, à Frédéric II qui lui donna le titre de «*Manufacture royale de Prusse*».

Frédéric II fit enlever de Meissen et transporter à Berlin une partie des moules, de nombreux modèles et une énorme quantité de pâte toute préparée pour la fabrication.

Les porcelaines fabriquées sous la direction de Wegeli sont marquées d'un W en bleu:

W

Plus tard, le sceptre royal remplace le W; ce sceptre est parfois à demi-caché par un écusson peint:

A partir de 1833, pour faire reconnaître les vraies porcelaines de Berlin des nombreuses contrefaçons qui se faisaient à cette époque, on ajouta au sceptre les lettres KPM, qui signifient : « *Kœniglich Porzellan Manufactur* ».

Les porcelaines dorées sont marquées du globe royal surmonté d'une croix.

Les porcelaines de Berlin sont remarquables par la perfection de leur décoration, exécutée avec des couleurs d'une belle glaçure; par la délicatesse de leur fabrication, ainsi que par la blancheur de leur pâte.

Ce fut la manufacture de Berlin qui commença la fabrication des fines dentelles de porcelaine, ainsi que des plaques dites *lithophanies*, qui reproduisent des figures, des tableaux, etc., par transparence.

RECHERCHES

V. de C., mars 1898 :

Service à café, tasses et soucoupes seulement, déc. fleurs 120f

V. X., mai 1898 :

Deux vases à couvercles formant flambeaux 120f

V. Lieudekerke, à Bruxelles, juin 1904.

Tabatière ovale, ép. Louis XVI 650f

47 Assiettes à bordures ajourées, déc. de bouquets de fleurs peints au naturel . . 835f

Services à thé et à café, déc. d'amours

en cam. rose 1900f

Déjeuner à déc. d'oiseaux perchés, peints au naturel 420f

Deux cassolettes, déc de paysages avec figures 130f

V. Bourgeois, à Cologne, oct 1904:

Groupe en biscuit, les trois grâces, vers 1760 . . . . 212f

V. Baronne Davillier, Déc. 1904.

Deux porte-fleurs. appliques 155f

V. G R mai 1905:

Cabaret solitaire, déc. médaillon à paysages 680f

Plateau avec deux burettes et un sucrier coquille 505f

---

III _ FRANKENTHAL

Fondée par *Paul Hannong*, ainsi que nous l'avons vu au chapitre des faiences, la manufacture de Frankenthal fabriqua des porcelaines parfaites, dont la décoration extrêmement soignée rappelle celle de Saxe; mais plus correcte, moins chargée et corrigée un peu par l'art français.

Paul Hannong marqua ses porcelaines du lion du Palatinat.

Joseph-Adam son fils, prit la même marque, à laquelle il ajouta son monogramme

Plus tard, l'Electeur *Charles Théodore* qui avait protégé les Hannong, devint propriétaire de la fabrique et marqua ses produits à son monogramme

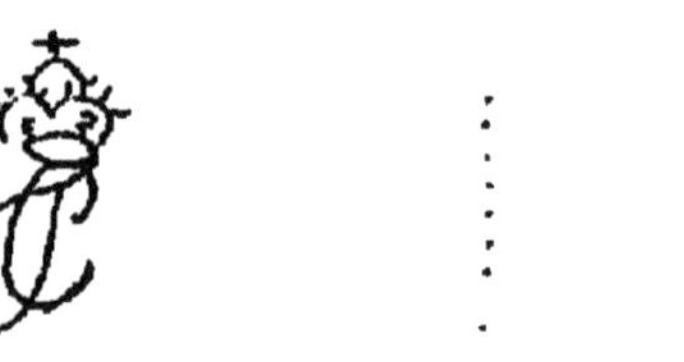

RECHERCHES

V. X mai 1898 :

Groupe en biscuit : les saisons 400f

Les petits dénicheurs d'oiseaux groupe 280f

Figurine de danseur 145f

V. Beurdeley, mars 1899 :

Groupe d'animaux, chasse au sanglier 600f

V. du 2 Juin 1899 :

Groupe à déc. polych. de 5 figurines . . 905f

V. Gérard, juin 1900 :

Saucière à déc. de fleurs 29f

V. P. M. fév. 1901 :

Petit groupe : pâtre portant un mouton sur ses épaules, et autre statuette, joueur de biniou . . . . 375 f.

V. Lelong. mai 1903 :

Statuette. Diane endormie . . . . . . 620 f.

V. Bougeois à Cologne, oct. 1904 :

L'Amour instruisant une jeune fille, groupe allégorique, vers 1760 . . . . . 802 f.

L'Hiver, groupe faisant partie d'une série des saisons, de Paul Hannong . . 1062 f.

Deux statuettes formant pendants : jeune homme en costume de gentilhomme, et jeune fille costumée en noble dame, vers 1760 . . . . 3562 f.

Deux statuettes formant pendants : le prince électeur Karl Théodore de Palatina, et son épouse, la princesse Elisabeth Augusta, de l'atelier de Joseph-Adam, 1760. 2768 f.

Loup rampant, vers 1760 . . . . . . 175 f.

Bergers des Alpes, groupe, vers 1777. 1537 f.

V. Guttierrez-de-Estrada, Avril 1905 :

Groupe : homme et femme se battant. 1110 f.

V. G. R. mai 1905 :

Cabaret solitaire, déc. d'oiseaux . . 510 f.

Tête-à-tête déc. imitant la laque noire et or, style chinois. . . . . . . 1150 f.

V. Boas Berg, à Amsterdam, nov 1905.

Groupe pastoral polych . . . . 1764 f.

Autre groupe pastoral, déc. polych. . . 1300 f.

Femme russe et sculpteur, deux statuettes polych. et dorées 535f

V. Comte d'Yanville, fév. 1907.

Statuette personnifiant le Rhin (H. 0.29), restaurée 4850f

Tasse et soucoupe à personnages et à fleurs 41f

IV _ FULDA

L'existence de la fabrique de Fulda fut de courte durée (16 ans environ); elle fut fondée par l'évêque de Fulda et entretenue à ses frais.

Ses produits étaient destinés à l'usage de l'évêque et des grands dignitaires qui l'entouraient; aussi étaient-ils exécutés avec soin

La décoration consiste en paysages finement peints en camaïeu, ou en fleurs.

Les porcelaines de Fulda, remarquables surtout par la pureté de leur émail et la blancheur de leur pâte, portent les marques suivantes :

V.-FURSTENBERG

Les porcelaines de cette manufacture sont marquées de la lettre F tracée au pinceau :

F | F

Elles sont assez blanches et d'une décoration très soignée.

RECHERCHES

V. X mai 1898 :

Deux vases côtelés sur piédouche, déc médaillons d'oiseaux 210f

V. de Mme X. mars 1906 :

Deux petites corbeilles ajourées 1100f

V. Gutierrez de Estrada, avril 1906 :

Statuette. personnage de la comédie italienne 380f

V. G. R. mai 1905 :

Flacon à sujet galant en cam. rouge 215f

Cabaret à déc. de personnages, d'animaux et de fleurs 750f

---

VI.-GERA

La manufacture de Gera produisit, vers 1780, des porcelaines à pâte blanche, largement peintes. Ces porcelaines sont marquées :

VII. GOTHA

Les produits de la fabrique de Gotha, fondée par *Rothenberg* sont marqués de la lettre initiale du fondateur ; ou de la lettre G.

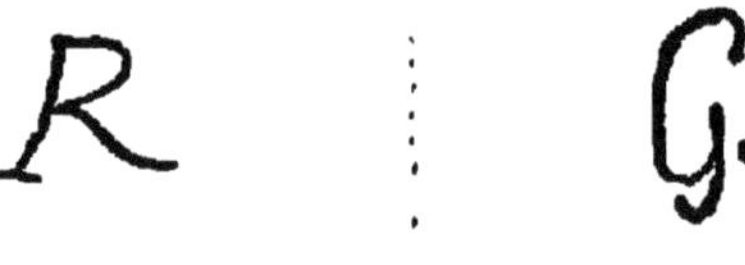

VIII. GROSS-BREITENBACH

Les porcelaines de Gross-Breitenbach étaient marquées d'un trèfle, avant la réunion de cette manufacture à celle de Limbach :

IX. HÖCHST-SUR-LE-MEIN

Un élève de Stöbzel de Vienne, nommé *Ringler*, la quitta pour porter le secret de la fabrication de la porcelaine à *Gelz* faïencier à Höchst-sur-le Mein.

Les porcelaines de Höchst sont très estimées, ce sont surtout des statuettes, pouvant rivaliser avec celles de Meissen, et dont les modèles étaient sculptés par *Melchior*.

Elles portent une marque aux armoiries de l'archevêque de Mayence qui protégeait la fabrique de Höchst.

RECHERCHES

V. Gérard, juin 1900:

Deux coupes, fleurs gaufrées et en couleurs. 85f.

V. Comtesse de Fitz-James, Déc. 1902.

Cafetière déc. polych. . . . . 90f.

V Bourgeois à Cologne, oct. 1904:

Groupe. le valet amoureux de sa maîtresse, vers 1770. . . . . 274f.

Statuette, personnage travesti, XVIIIe S. 302f.

Batelière dans une barque . . . . . 145f.

V. Baronne Davillier, Déc. 1904.

Groupe de deux personnages, sujet galant . . . . 695f.

V. G. R., mai 1905.

Sucrier et plateau déc. bleu de paysages en cam. . . . . 410f.

Tasse-trembleuse et présentoir, scène d'auberge en cam. rose . . . . 360f.

V Boas-Berg, à Amsterdam, nov 1905 :

Paire de potiches couvertes et un brûle parfum déc. polych. 585f

V.X. avril 1906 :

Deux jardinières, déc à bouquets de fleurs. 500f

Figurine de petit Chinois 791f

V.X. janvier 1907 :

Deux statuettes, jeune femme et adolescent debout 1800f

X – KLOSTER-VEILSDORF

Peu après sa fondation, la manufacture de Kloster-Veilsdorf fut adjointe à celle de Limbach. Avant cette réunion les produits en étaient marqués des lettres C et V entrelacées :

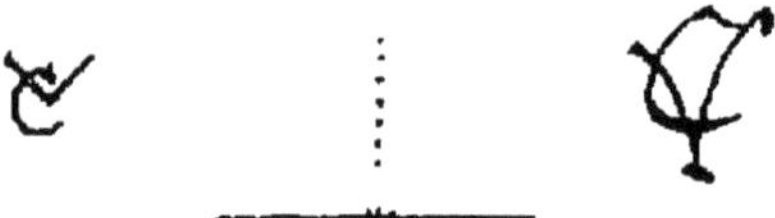

XI – LIMBACH

La fabrique de porcelaine de Limbach en Saxe, fondée en 1760, eut une assez grande importance ; ses produits sont marqués de la lettre L :

et parfois de cinq petits ronds surmontés

d'une croix :

On adjoignit plus tard à cette manufacture, celles de Gross-Breitenbach et de Kloster-Veilsdorf.

XII. – LOUISBOURG

La manufacture de Louisbourg dans le duché de Wurtemberg, fondée par *Ringler*, fut une des plus artistiques d'Allemagne.

Ses porcelaines sont marquées :

RECHERCHES

V. Beurdeley, avril 1900

Figurine enfant jouant du tambour 230f

V. Gérard, juin 1900 :

Pot à crème et sucrier . 85f

Six assiettes, déc. fleurs 75f

V. P. M., fév. 1901.

Statuette : la baigneuse par Algrin 270f

Petite théière, déc. à médaillon, sujet d'après Boucher 130f

V. Marquis de Thuisy, Déc. 1902.

Bol à décor de fleurs et de nœuds de ruban 155f

V Comtesse de Fitz-James, Déc. 1902

Deux petites figurines, cuisinier et jeune fille . . . 198f

V. mars 1904.

Grande coupe: Hercule et Omphale. 605f

Statuette de femme assise, jouant de la mandole 195f

V. Bourgeois, à Cologne, oct 1904

Groupe: couple de bergers amoureux 1715f

L'amour et psyché, d'après le groupe du Capitole, vers 1760. . . . 1812f

Bacchante et satyre . . . 875f

Groupe joueur de violoncelle et joueuse de luth, vers 1765 . . . . . . 625f

V. Gutierrez de Estrada, avril 1905

Groupe: jeune femme faisant la barbe à un jeune homme. 600f

Statuette jeune homme tenant un oiseau 215f

V. Boas. Berg, à Amsterdam, nov 1905

La danseuse, statuette polych. et dorée 425f

L'anniversaire, groupe polych et doré 1260f

V. Déc 1906.

Figurine de femme sonnant de la trompe 190f

Soupière décorée de petits paysages 300f

Plateau, sujet galant, cam violet 115f

Rafraichissoir à déc. de fleurs. 210f

V. R., Déc 1906.

Trois petites statuettes: colporteurs et marchande de fleurs 305f

V X. janv 1907 :

Groupe grotesque le tailleur du comte de Bruhl sur un bouc, sa femme assise auprès de lui. (petite restauration) . 4000f

Deux petits groupes : couples de danseurs. 2650f

Deux petits groupes : berger et bergère, patineur et patineuse 1200f

V. Comte d'Yanville, fév. 1907 :

Deux figurines de danseurs 400f

Sucrier à déc. de fleurs. . . . 240f

XIII. MEISSEN (Saxe)

Tschirnhaus et *Boettger* fabriquaient au début de leur installation à Meissen, des grès à pâte rouge d'une texture fine et serrée, que l'on nomma porcelaine rouge.

Tschirnhaus mourut en 1708 et Boettger dirigea seul la fabrication.

Il découvrit par hasard dans la poudre terreuse qui lui servait à poudrer sa perruque, la matière qu'il cherchait depuis longtemps et qui devait lui permettre de fabriquer le premier en Europe, des porcelaines blanches semblables à celles de Chine.

Boettger mourut en 1719, à l'âge de 35 ans ; après sa mort, *Augustus Rex* prit la direction de la manufacture, c'est à cette époque que l'on vit sortir des fours de Meissen de beaux vases chargés de rocailles, des lustres enguirlandés de fleurs en relief, de fines statuettes et des groupes peints, des candélabres, des tabatières, des manches de couteaux, des pommes de cannes, etc..

Sous la direction de Bœttger, les porcelaines de Meissen sont marquées en bleu, sous couverte, de la verge d'Esculape :

Augustus Rex marquait de ses initiales :

Les pièces commandées pour le service du roi, ou destinées à être offertes en cadeaux aux souverains portent, outre la marque d'Augustus Rex, l'une des deux marques suivantes en or :

K.P.M. M.P.M.

et qu'il faut lire : *Königlich Porzellan Manufactur* et *Meisner Porzellan Manufactur*.

Plus tard, ces marques furent remplacées

par deux épées croisées tirées des armoiries de Saxe ; ces épées ont changé de forme, ainsi qu'on le voit ci-dessous :

Marque de Horold, vers 1730 : 

Marque de Marcolini, vers 1795 : 

Un fait à remarquer et qui doit être connu des collectionneurs, c'est que la manufacture de Meissen fabrique encore aujourd'hui, au moyen de ses anciens moules, des porcelaines sur lesquelles elle appose ses anciennes marques.

Les pièces blanches qui sortent du four avec un défaut, ne sont livrées au commerce, qu'après que leur marque a été coupée au moyen d'un coup de roue, ainsi que celà se pratique à Sèvres.

RECHERCHES

V. de Bryas, avril 1898 :

Deux grands groupes de chacun deux enfants, ép Louis XV 10100f

Ecuelle avec son couvercle et son plateau 1920f

V. Casimir Périer, janv. 1899

Boîte oblongue à déc de personnages... 215f

Tasse et soucoupe, déc. de paysage.... 235f

V. Beurdeley, mars 1899 :

Jeu d'échecs, complet. 2400f

Théière formée d'un singe tenant un autre singe 690f

Vase à double renflement, avec couvercle déc. fleurs en ronde bosse . . 695f

Chien sur un coussin déc. au naturel 3890f

Sucrier avec couvercle et deux tasses avec soucoupes 260f

V. de Talleyrand, mai 1899

Ecuelle avec couvercle et plateau, fond truité bleu, médaillons d'oiseaux. 1420f

Tasse haute avec soucoupe et couvercle, fond jaune, médaillons de fleurs. 290f

V PM., Dec. 1901 : .

Jardinière fond vert pâle marbré d'or, avec réserves à sujets d'après Boucher.. 309f

Groupe : Bacchus et petit Bacchant assis sur un tonneau. 580f

V. Comtesse de Fitz-James. Dec. 1902

Mère portant un enfant dans son berceau, et ayant à sa droite un petit garçon, déc polych 2000f

Renard dévorant une poule, déc. au naturel 220f

V. janvier 1903.

Petite boîte déc polych de personnages. 880f

V amiral Bridges-Rice, à Londres, fév. 1903 :

Groupe composé d'un geai et d'un écureuil sur un tronc d'arbre . . . . . 5775f.

Théière formée par un groupe de trois singes . . . . 3150f.

V. Lelong, avril 1903

Deux petits bougeoirs ornés chacun d'un cygne blanc et de fleurs 2600f.

Bison attaqué par des chiens. . . . . 490f.

Lion, lionne et lionceau, socle bronze. 2550f.

Deux chiens, l'un assis, l'autre grattant par terre . . . . 4050f.

Oiseau perché sur un tronc de chêne. 2010f.

Deux perruches perchées sur un tronc d'arbre, base bronze doré, ép Louis XV. . 10300f.

Deuxième V. Lelong, mai 1903

Statuette, Apollon debout . . . . 130f.

Figurine : la musique sous les traits d'une femme jouant du luth. . . . . 200f.

Figurine : fillette en robe rose à fleurs. 155f.

Paon debout déc au naturel. . 820f.

Deux plateaux, forme feuilles . . . . 195f.

Deux petites pyramides décorées de fleurettes en ronde bosse . . . . 510f.

Candélabre à trois lumières, formé d'un arbuste et d'un petit vendangeur. 395f.

Sucrier en forme de courge . . . . 40f.

Tasse à présentoir à déc. japonais. 110f.

Mouchettes déc. fleurs et marines. . . 380f.

Sucrier ovale figurant une salade. . 270f.

Boîte en forme de brebis couchée 210f

Deux petits vases pot-pourris à déc. de fleurs et de fruits 400f

Deux bouts de table en forme d'arbustes, avec deux amours costumés 1700f

Petite niche d'où sort un chien 720f

Pièce de surtout de table composée d'un groupe central personnifiant le printemps et l'été, ce groupe est entouré d'une balustrade cantonnée de 4 oiseaux perchés sur des troncs d'arbres. (H. 0,35) 10100f

V. Mame, avril 1904 :

Coupe à sujet de style chinois 135f

V. Baronne de Gargan, mai 1904 :

Pendule surmontée d'un vase de fleurs et décorée de 3 figurines 1500f

V. mai 1904 :

Bol, flacon à thé, 6 tasses et 6 soucoupes. 700f

Flacon à thé, déc. de Chinois 180f

Deux figurines . berger avec chien, et bergère avec mouton 315f

Petit groupe : amours et buste de femme 300f

Petit groupe : génie et amour 480f

V. Baronne de H. juin 1904 :

Garniture composée de trois potiches avec couvercles et de deux cornets ornés de réserves d'oiseaux perchés, fond jaune clair (restauration et ébréchure) . 9100f

V. Lieudekerke, à Bruxelles, juin 1904:

Tabatière ép. Louis XV à déc. polych de sujets militaires 700f

V. Bourgeois à Cologne, oct. 1904:

Les quatre saisons symbolisées par des personnages, vers 1750 . . . . 3262f

L'Été faisant partie de la série des saisons, vers 1740 . . . . 562f

L'Hiver, même série 475f

Groupe. bonheur maternel, vers 1765 . . . 805f

V. Baronne Davillier, Déc. 1904.

Boîte à couvercle, trophées et figures mythologiques, avec l'inscription: « vive Paul Pétrowitzch, grand prince de Russie » 1800f

Coupe à fruits sur plateau fixe 101f

Vase avec couvercle, déc. à la haie fleurie de style japonais 500f

Moutardier déc. haie fleurie et oiseaux 92f

Deux petits cachepots, déc. fleurs sur fond simulant l'osier 550f

Petit flacon orné d'une brebis 180f

V. R. Déc. 1906.

Petit service à thé déc. à médaillons de paysages avec personnages 1220f

Groupe de deux enfants figurant l'astronomie 900f

V. X. Déc. 1906:

Service de table de 121 pièces, finement décorées de bouquets et de fleurettes détachés, marli vannerie 4520f

V. Boas-Berg à Amsterdam, nov 1905 :

Pendule à deux corps polych et dorée . 1070f

Service à dîner, de 327 pièces, déc bouquets de fleurs polych. et doré . 14070f

Service à thé et à café déc, polych et doré, emprunté aux tableaux de Téniers . . 3590f

V. X.. janv. 1907 :

Béquille de canne, forme de figure de femme 410f

V Comte d'Yanville, fév. 1907.

Assiette à bouquets de fleurs. 65f

Groupe de jeune femme et de deux amours, (restauré) 240f

Théière déc dans le goût de Téniers. 100f

PORCELAINES DE MARCOLINI

V. X. mai 1898 :

Pendule forme de vase Louis XVI, médaillons d'amours. 680f

V. Lelong, mai 1903 :

Singe grandeur nature, assis et mangeant un fruit 290f

V. Rougier, mai 1904 :

Cabaret à déc de médaillons, contenant des paysages et des marines . . . 820f

V. Gutierrez de Estrada, avril 1905

Statuette Thésée accompagnée de Cerbère 135f

Groupe composé d'une femme et de quatre enfants étendus au pied d'un vase. 250f

XIV. NIEDERWILLER

La manufacture de Niederwiller qui fabriquait des faïences ainsi que nous l'avons vu plus haut, produisit des porcelaines d'une exécution parfaite.

De 1768 à 1780, sous la direction du baron de Beyerlé, les porcelaines de Niederwiller, sont marquées d'un N :

Les pièces importantes portent le chiffre du baron :

Sous la direction du général de Custine, de 1780 à 1793, les porcelaines sont marquées comme les faïences :

La marque de Niederwiller (de Custine), ressemble à la marque de Louisbourg, avec laquelle elle peut être confondue

Lanfrey devenu propriétaire de l'usine marqua ses porcelaines à son chiffre, à la vignette, en bleu ou en rouge.

RECHERCHES

V. X. mai 1898 :

Deux statuettes : bacchante et bacchant. 510f

" " en biscuit : l'oiseau mort et le joueur de flûte 156f

V. Chaumont, fév. 1900 :

Deux assiettes à bords contournés, décorées en noir 300f

Trente-six pièces, partie de service, déc. polych. de bouquets de fleurs 251f

V. Gérard, juin 1900 :

Théière à déc. de fleurs. 58f

V. nov. 1905 :

Deux groupes, jeux d'amours 255f

XV - NYMPHENBOURG

L'établissement de la fabrique de Nymphenbourg remonte à 1754. Cette manufacture a produit des services de table décorés de fleurons en relief ou de bouquets peints ; parfois les dorures sont modelées et brunies comme celles de Sèvres.

Elle a produit également de délicates statuettes en porcelaine blanche.

Les premières porcelaines de Nymphenbourg sont marquées d'une étoile à six pointes, dont quelques unes sont parfois accompagnées de lettres, de chiffres, ou même de signes maçonniques.

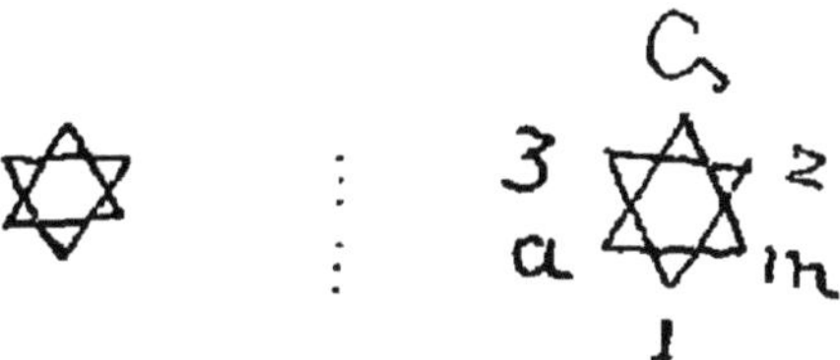

Plus tard, cette étoile est remplacée par l'écusson de Bavière tracé en creux ou peint en bleu sous émail:

RECHERCHES

V. Boas Berg à Amsterdam, nov. 1905:

Saucière à deux anses sur un plateau ovale polych. et doré. 460f

V Bourgeois à Cologne, oct. 1904:

Groupe vers 1755: le galant cavalier . . 2212f

V. Gérard, juin 1900:

Tasse et soucoupe, déc. cam. rose. . . 68f

V X. nov. 1906:

Cachepot déc. fleurs en relief. 249f

V Comte d'Yanville, fév. 1907

Cafetière polych et dorée 265f

XVI. RUDOLSTADT

Rudolstadt fabriquait, vers 1758, des porcelaines assez fines portant l'une des marques:

Outre les manufactures dont il vient d'être parlé, il existait encore en Allemagne celles de moindre importance dont voici les marques:

ARNSTADS

BADEN-BADEN

BEYREUTH

HÖXTER

RANESTEN R-n

VOLKSTADT C V

WURZBOURG

§ 3e ANGLETERRE

1. BOW

La création de la manufacture de Bow, date du commencement du XVIIIe siècle.

Ses porcelaines sont parfois ornées de beaux reliefs et décorées presque exclusivement de fleurs peintes avec beaucoup de soin

Le propriétaire de cette fabrique qui n'occupait pas moins de 300 personnes en 1760, la vendit en 1775 à *William Duesbury* qui en éteignit les fours et fit transporter les moules et les modèles à sa fabrique de Derby.

Peu de pièces de Bow sont marquées; celles qui le sont portent une abeille en relief, ou l'une des deux marques suivantes :

II – BRISTOL

La manufacture de Bristol n'eut pas une longue existence : le propriétaire *Richard Champion* acheta les brevets de Cookworthy de Plymouth en 1774 et les revendit lui-même en 1782, à la compagnie des poteries de Staffordshire.

Les produits de Bristol sont marqués :

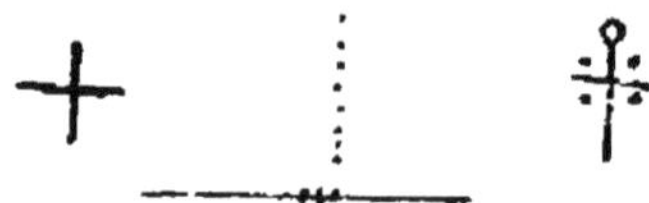

III – CHELSEA

La fabrique de Chelsea fut établie au commencement du XVIIIe siècle, mais ce ne fut guère que vers 1745 qu'elle prit une certaine importance.

Georges II qui la protégeait, fit venir des artistes de Saxe pour hâter ses progrès.

William Duesbury qui possédait déjà la fabrique de Derby, devint propriétaire de celle de Chelsea en 1769, mais il l'abandonna, après en avoir conservé les modèles et les moules

Chelsea fabriqua des services de table et un grand nombre de vases décoratifs, de statuettes et de groupes qui sont regardés comme les produits les plus parfaits de la céramique anglaise.

Les porcelaines de Chelsea sont marqués d'une petite ancre en or ou en couleur, ou d'un triangle.

RECHERCHES

V. Gérard, juin 1900.

Groupe de deux danseurs, déc. polych. et or, monture bronze doré. (H 0.17) . . 1150f

V amiral Bridges-Rice, à Londres, fév 1903.

Deux vases fond marron, avec réserve à déc. de bacchantes et satyres dans un paysage. 7600f

V. Lelong, mai 1903:

Deux figurines berger et bergère 300f

V. Bourgeois à Cologne, oct 1904

Tailleur à cheval sur un bouc 147f

Deux statuettes formant pendants: berger et son chien, et bergère avec un agneau. 500f

V Guilhou, mars 1905:

Etui surmonté d'une figurine d'enfant. 73f

V. Schiff, mars 1905

Flaçon forme figurine d'enfant nu. . . 185f

V.X. avril 1906 :

Flacon, figurine de paysane . . . 215f

IV. DERBY

En 1751, *William Duesbury* fonda la manufacture de Derby, qui prit bientôt une grande importance ; elle marqua ses produits d'un D, jusqu'en 1769 :

A cette époque, William Duesbury adjoignit à sa manufacture, celle de Chelsea ; ses produits furent alors désignés sous le nom de porcelaines de Derby-Chelsea, et la nouvelle marque fut formée par la réunion de celles des deux manufactures

En 1773, Duesbury obtint pour sa fabrique le patronage du roi et changea encore sa marque de la façon suivante :

 : 

Les porcelaines de Derby sont des services

de table à bordure bleu foncé rehaussée d'or, ou de fleurettes; des figurines, des statuettes, etc..

RECHERCHES

V. G R mai 1905:
Deux cachepots 300f
V. à Londres, Déc. 1906:
Trois vases vendus ensemble . . 3515f

V. PLYMOUTH

Les porcelaines de Plymouth sont décorées avec beaucoup de goût et la plupart par des artistes venus de la manufacture de Sèvres.

Elles sont marquées:

La fabrique de Plymouth fut fondée par *Cookworthy* en 1760, lequel s'associa bientôt avec *lord Camelford*; les deux associés vendirent leurs brevets en 1774 à Richard Champion de Bristol et les fours de Plymouth furent alors éteints.

VI. STOKE-UPON-TRENT

La manufacture de Stoke qui est actuellement la plus importante d'Angleterre, fut établie par *Thomas Minton* en 1790.

Les porcelaines de cette manufacture, datant de la fin du XVIIIe siècle, sont marquées :

VII – WORCESTER

La fabrique de porcelaine de Worcester fut fondée en 1751 par le chimiste *Wall*, qui appliqua le premier le procédé de décoration par impression sur la porcelaine; il produisit par ce procédé beaucoup de pièces décorées de portraits et de sujets allégoriques. Il produisit également de nombreuses pièces imitant la porcelaine du Japon

Après une visite du roi Georges III, en 1788, les directeurs furent autorisés à donner à leur fabrique le titre qu'elle porte encore aujourd'hui, de "*Manufacture royale de porcelaines de Worcester*"

Wall marquait ses porcelaines d'un croissant :

Son successeur *Richard Holdshipp* remplaça le croissant par la marque suivante:

Puis on se servit de signes tracés au hasard.

de signes en forme de cachets.

et de chiffres ou de lettres traversés par des traits de diverses formes :

RECHERCHES

V. Mapleson, mars 1904 :

Porte-bouquet *105f*

V. Comte d'Yanville, fév. 1907 :

Tasse et soucoupe à bandes bleues, et or. *80f*

Corbeille ajourée, déc. cam. bleu *100f*

Quelques autres manufactures de porcelaines moins importantes que celles déjà vues éxistaient en Angleterre. Leurs produits portent les marques suivantes :

CAUGHELEY C S

COALPORT

DAVENPORT DAVENPORT

LIVERPOOL P P

LONGTON MSN

§ 4e AUTRICHE

1. ELBOGEN

Les produits de la manufacture d'Elbogen étaient marqués :

II. HAEREND

La fabrique de porcelaine de Haerend marquait ses produits

III_VIENNE

Un chef d'atelier de Boettger, nommé *Stöbzel*, connaissant le secret de la fabrication de la porcelaine, quitta Meissen et vint à Vienne où il fonda une manufacture de porcelaine sous le patronage de l'empereur Charles VI. Cette manufacture devint la propriété de *Marie Thérèse*, en 1744, qui l'acheta moyennant la somme de 45000 florins; elle prit alors le titre de "*Manufacture impériale*".

C'est là que le chimiste *Liethner* trouva un bleu particulier qui porte son nom, et un superbe noir avec lequel on décorait de portraits en silhouettes, des tasses, des cafetières, etc..

A partir de 1820, la manufacture de Vienne perd son importance, pour s'éteindre définitivement en 1864, époque à laquelle tous les moules furent détruits, pour éviter les contrefaçons

Les porcelaines de Vienne sont marquées de l'écu impérial gravé au trait ou peint en bleu :

Elles sont décorées de figures, de paysages, de fleurs et de portraits en silhouettes et sont remarquables par l'éclat et la pureté de leurs couleurs et la blancheur de leur pâte faite de kaolins de Moravie.

RECHERCHES

V. Gérard, juin 1900 :

Assiette à déc. de bouquets et jeté de fleurs 14f

V. Lelong, mai 1903 :

Eteignoir à déc. de personnages 87f

V. Mai 1904 :

La marchande de harengs, statuette .. 410f

Deux petits bustes de Turcs . . 200f

V. Bourgeois à Cologne, oct. 1904 :

Le petit gardien, vers 1784, statuette 52f

Statuette, le jeune jardinier 125f

— *Colporteuse* 70f

V. Ayle, mars 1905 :

Un bol, 12 tasses et 12 soucoupes à déc. de fleurs 155f

V.G.R., mai 1905 :

Cabaret solitaire, déc. à sujet galant. . . 1350f.

V nov. 1905 :

Sucrier à couvercle et bol à deux anses. 500f.

V.X. nov. 1906 :

Plateau à déc. de fleurs en cam. orangé. 152f.

§ 5e BELGIQUE

I. BRUXELLES

Bruxelles avait ses fabriques de porcelaine qui marquaient leurs produits de la façon suivante :

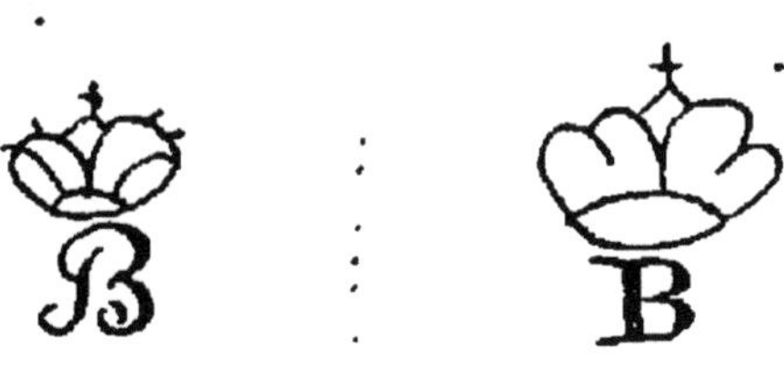

II. LUXEMBOURG

Une fabrique de porcelaine établie par *Boch*, à Luxembourg, au commencement du XIXe siècle, avait pour marque

B. L.

III. TOURNAI

Deux français *Carpentier* et *Peterinck*, originaires de Lille, vinrent fonder à Tournai en 1750, une manufacture de porcelaine tendre. Ils marquèrent d'abord leurs produits d'une tour

et plus tard, en 1757, par deux épées croisées, cantonnées de petites croix :

Sur les pièces de choix, ces deux marques en or sont souvent ensemble, tandis que l'une seulement et en bleu se trouve sur les pièces ordinaires.

Parmi les meilleurs décorateurs qui ont travaillé à Tournai, il faut citer *Joseph Mayer* et *Duvivier*.

RECHERCHES

V. Chaumont, fév. 1900 :

Cinq assiettes décorées au fond, de paysages en cam. rose *195f*

V. Maqueron-Lorangot, mars 1900 :

Deux assiettes pâte tendre, surface côtelée et à grains d'orge, paysages en rouge ; marquées en or *150f*

Trente-neuf assiettes, goût chinois . . *110f*

52 assiettes, déc. bleu à guirlandes . . . *165f*

V. Gérard, juin 1900 :

Sucrier et plateau déc. oiseaux *340f*

Gd plat déc fleurs en bleu . . *46f*

Deux assiettes déc. fleurs *41f*

V Marquis de Thuisy, Déc. 1902 :

Assiette en porcelaine tendre, à décor d'oiseaux et de fleurs *115f*

V. Déc. 1904 :

Important service de table, décoré en bleu, de bouquets de fleurs *720f*

V nov. 1905 :

Bol en pâte tendre, déc. d'oiseaux . . *165f*

V. Comte d'Yanville, fév. 1907 :

Tasse et soucoupe, déc. paysage en cam. rose et doré *280f*

Tasse et soucoupe, déc oiseaux et insectes fond gros bleu. 480f

Manche de couteau déc. fleurs . . 37f

Deux saladiers forme panier, cam bleu. 170f

Groupe : jardinier et jardinière, en porcelaine blanche. 475f

Cachepot, déc. cam. bleu. 155f

Assiette déc gros bleu et or, de grecques, papillons et fleurs. 150f

Groupe en porcelaine blanche : l'oiseau envolé (restauré). 610f

Groupe de deux musiciens sur une terrasse, (restauré). . . . 330f

---

§ 6e DANEMARK

COPENHAGUE

Un ouvrier de la manufacture de Furstenberg, fonda une fabrique de porcelaine à Copenhague, dont les produits se remarquent à leurs filets bleus partant d'un médaillon central et divisant la pièce en compartiments réguliers, de légères fleurettes également bleues s'enroulent autour de ces rayons.

Les porcelaines de Copenhague sont marquées

RECHERCHES

V. Baronne Davillier, Déc 1904.
Vase à déc de guirlandes. 95f
V. de R., avril 1905
Cabaret à déc de fleurs sur fond doré. 860f

§ 7e ESPAGNE

I. ALCORA

Les porcelaines d'Alcora sont assez grossièrement décorées d'un ton jaunâtre.

Elles sont marquées d'un A peint en couleur ou doré.

A

II. BUEN-RETIRO

La manufacture établie à Madrid, dans les jardins du palais de Buen-Retiro, par

Charles III qui avait amené avec lui les meilleurs artistes de la fabrique de Capo-di Monte, produisit des porcelaines dans le genre de celles de Naples.

Cette manufacture fut detruite en 1812, pendant la guerre.

Les porcelaines de Buen-Retiro sont autant de pièces d'art ; ce sont des vases, des bustes, des statuettes remarquables par leurs beaux reliefs sur fond bleu.

Elles portent différentes marques :

La fleur de lis,

Le monogramme de Charles III surmonté de la couronne royale,

Deux C entrelacés,

Et les marques particulières des décorateurs Ochogravia

Salvator Nofri

Sorrentini

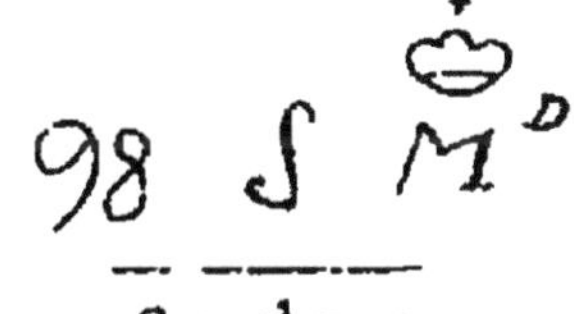

Cayetano

Georgi

RECHERCHES

V. Gérard, juin 1900 :

Assiette déc. polych bergère et moutons. 370f

V. Marquis de Thuisy. Déc. 1902 :

Assiette décorée de paysages, monogramme et de tours au marli 180f

V. Baronne Davillier, Déc. 1904 :

Tasse et soucoupe, déc paysage 60f

Coupe couverte décorée de scènes galantes 1205f

V. X. mars 1905 :

Boîte à déc. de paysages animés 390f

V. G R. mai 1906 :

Trois plaques à déc. de guirlandes de fleurs 2900f

§ 8e HOLLANDE

I – LA HAYE

Les porcelaines de la manufacture de La Haye sont décorées avec beaucoup de soin ; elles sont marquées :

V. Chaumont, fév. 1900 :

Plat rond à bords contournés, décor polych. 140f

Deux petits plats oblongs, déc. polych. . . 151f

V. Marquis de Thuisy, Déc. 1902 :

Assiette en pâte tendre, déc. polych . . 140f

Deux plats longs, porcelaine tendre . . 202f

V. Schiff, mars 1905 :

Service de table déc. de petits paysages animés 5.100f

V. Boas Berg, à Amsterdam, nov. 1905 :

Six assiettes, déc. polych. 1.000f

Deux saladiers, déc. polych. 545f

V. Comte d'Yanville, fév. 1907 :

Plat creux à bouquets de fleurs . . 400f

Assiette à déc. d'oiseaux, avec couronne de fleurs sur le marli . . . 455f

II. – WESP

Une manufacture de porcelaine fut établie à Wesp pendant la guerre de sept ans, par le comte de *Grosfield* qui y attira des ouvriers de la fabrique de Meissen.

Les porcelaines de Wesp sont décorées de sujets à figures peints avec soin ; elles sont marquées, de 1756 à 1765, d'une variante des deux épées de Saxe

Puis plus tard d'un W accompagné parfois du nom ou du monogramme du peintre :

LMW | I·Haag W | W

Cette manufacture fut plus tard transférée à OUDE-LOODSTRECHT près Amsterdam, et les produits de la nouvelle fabrique sont marqués :

M:o·L | | M.oL

AD | M·L | AD

puis ensuite, en 1782, à AMSTEL, et les porcelaines de cette époque sont marquées :

Amstel | Amstel

RECHERCHES

Porcelaines de Loodstrecht :

V. Gérard, juin 1900 :

Chocolatière déc. paysage en cam. rose 65f

V. G. R., mai 1905 :

Aiguière et bassin, déc. de bluets . . . 305f

Petit vase balustre à décor de paysage en cam. brun 95f

Porcelaines d'Amstel:

V. Gérard, juin 1900:

Trois assiettes à déc. polych . . 42f

V G R, mai 1905:

Cabaret solitaire, à personnages sur fond vert 950f

V. Boas Berg, à Amsterdam, nov. 1905.

Service à thé, déc. polych., dans le goût d'Ostade 1555f

Service à thé à déc. polych. d'oiseaux. 546f

Cinq pots à fleurs avec leurs soucoupes déc. polych 661f

§ 9e ITALIE

1. CAPO-DI-MONTE

En 1736, Charles III fonda une fabrique de porcelaine à Capo-di-Monte près Naples, qui ne produisit pendant longtemps que des porcelaines tendres.

Ces porcelaines sont de style rocaille, aux formes contournées, chargées de figures grotesques, de plantes, de coquillages en relief, peints en polychromie. Ce sont aussi des vases imitant ceux du Japon, ou décorés en relief et peints de sujets mythologiques.

Ces porcelaines ont pour marque une fleur de lis peinte ou gravée en creux, comme celles de Buen-Retiro dont la fabrique appartenait également à Charles III. (voir page 222).

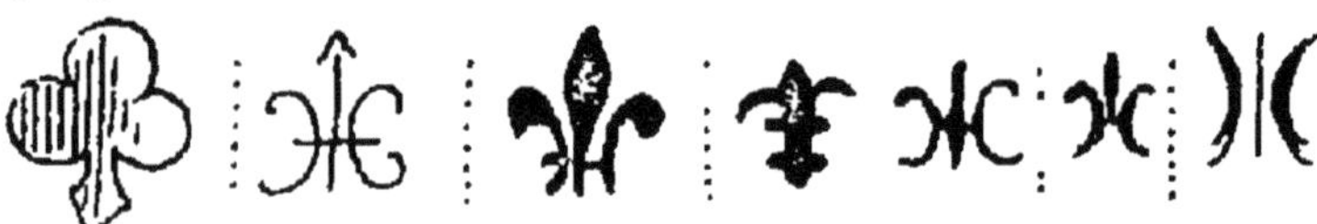

Ferdinand IV, successeur de Charles III, moins amateur que son père de l'art de la céramique, laissa péricliter la manufacture qui ne donna plus que des produits secondaires et finit par disparaître en 1821.

Pendant cette seconde période, Capo-di Monte fabriqua des porcelaines dure marquées de la lettre N (*Naples*) ou du chiffre de Ferdinand, surmontés de la couronne royale.

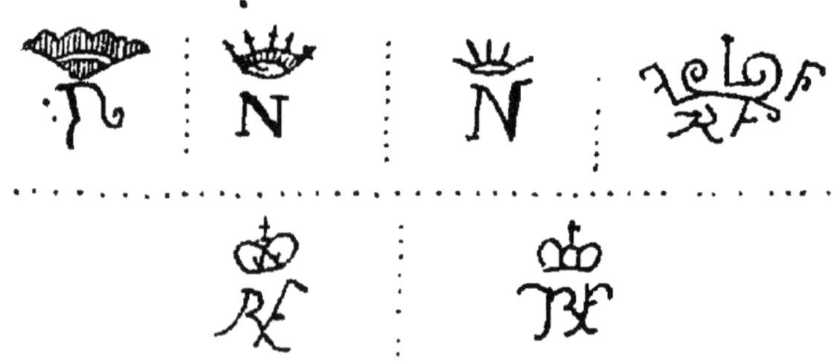

RECHERCHES

V. Baronne Davillier, Déc. 1904:

Deux petits vases pot-pourris avec couvercles, 640f

V de Mme X., mars 1905 :
Boîte déc le sanglier de Calydon . . . . 310f.

II. DOCCIA

La manufacture de Doccia près Florence, fut établie par le marquis *Ginori* en 1735.

Elle a produit des porcelaines de compositions variées, décorées avec beaucoup de talent ; des porcelaines usuelles, des vases, des plaques à sujets en relief et de très belles statuettes.

Les produits de Doccia portent l'une des marques suivantes, en rouge ou en or :

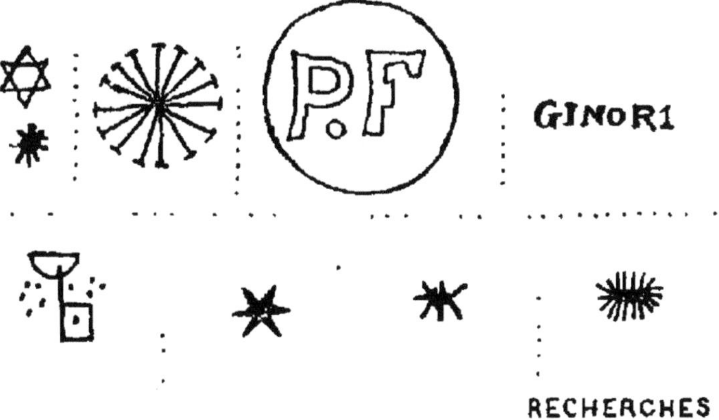

RECHERCHES

V. Gérard, juin 1900 :
Groupe : jeune femme et jeune homme. 21f.
Tasse et soucoupe à déc. de cavaliers. . 21f.

III. FLORENCE

A la fin de XVIe siècle, vers 1580, des savants attachés à la cour du Grand-Duc *François de Médicis*, fabriquèrent au château de San Marco, près de Florence, une poterie translucide qui est loin de ressembler à la porcelaine sous le rapport de la blancheur et de la finesse de la pâte.

La décoration de ces poteries connues sous le nom de porcelaine des Médicis, ou de porcelaine de Florence, consiste en grotesques, en fleurs et en ornements empruntés à l'art oriental et exécutés en camaïeu bleu rehaussé parfois de manganèse.

Les porcelaines de Florence portent comme marques le dôme de Sainte Marie des Fleurs, avec la lettre initiale de Florence, ou le monogramme des Médicis:

RECHERCHES

V. Monvelle, fév 1966.

Aiguière à goulot en forme de trèfle déc. rinceaux et feuillages, marquée du dôme 480f

V Gérard, juin 1900:

Flacon en forme de poire à poudre déc. cam bleu 1800f

Bouquetière à trois tubulures, déc. bleu et manganèse clair (H o. 19) . . . 1600f

---

IV-TREVISE

La fabrique de Trévise, fondée en 1796, n'a donné que des porcelaines décorées grossièrement.

Ces porcelaines portent la marque des frères Jean et André Fontebasso (*Giovanni Andréa Fratelli Fontebasso*).

G.A.F.F.
Treviso

RECHERCHES

V. Comtesse de Fitz-James, Déc. 1902 :
Plat et compotier, déc. polych., sur le plat : Vénus et l'Amour dans un paysage . 130f

---

V. VENISE

Les premières porcelaines de Venise ont une couverte opaque, comme les porcelaines tendres de Chantilly. Elles sont marquées :

Va : Venª : Ven^A : V

Plus tard Venise produisit des porcelaines dures décorées avec beaucoup de soin et de délicatesse, et remarquables surtout par l'éclat de leurs dorures d'une chaleur de ton extraordinaire.

Ces porcelaines dures portent l'une des marques suivantes :

V.F. G.M

RECHERCHES

V. Gérard, juin 1900 :

Sucrier à déc. de sujets militaires . . 160f

Petite coupe forme feuille. 290f

Deux tasses e soucoupes dec. fleurs . . 22f

V. Fitz-James, Déc. 1902 :

Potiche couverte, déc. de paysages en cam. rose. 2000f

V. Handelaar, nov. 1904 :

Service de table (douze couverts) à déc. polych. de style chinois. 2500f

V. de Mme X., mars 1905 :

Boîte ornée de personnages et de rocailles. 370f

V. avril 1905 :

Petit pot au lait et sucrier à déc. de scènes galantes. 690f

V. Comte d'Yanville, fév. 1907 :

Tasse et soucoupe, déc. en grisaille, de marines et de personnages. . . 105f

Tasse et soucoupe, déc. cam. rose . . . 21f

VI. VINEUF

Les produits de la manufacture de Vineuf près de Turin, dont l'origine remonte au commencement du XIXe siècle, sont marqués d'un V, surmonté parfois de la croix de Savoie:

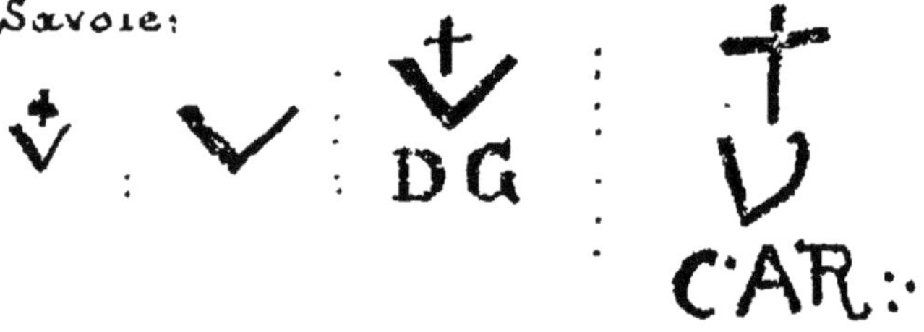

D'autres manufactures italiennes, mais d'importance secondaire, avaient pour marques celles suivantes, savoir

VICENZA :

§ 10° RUSSIE

1 – MOSCOU

Les manufactures de porcelaines de Moscou marquaient leurs produits de la façon suivante :

Celle de Gardner

ГАРДНЕРZ

АГ

Celle de Popoff :

ПОПОВЫ

АП

Celle de Gulena :

ФГ
ГУЛИНА

Et celle de Poporé :

II. St PETERSBOURG

La fabrique de St Pétersbourg placée sous le patronage de l'impératrice Catherine II, fut établie par des Français, et des artistes de la manufacture de Sèvres y furent appelés à plusieurs reprises, pour perfectionner la décoration des porcelaines.

Les produits de St Pétersbourg portent les marques suivantes :

Sous Catherine II :

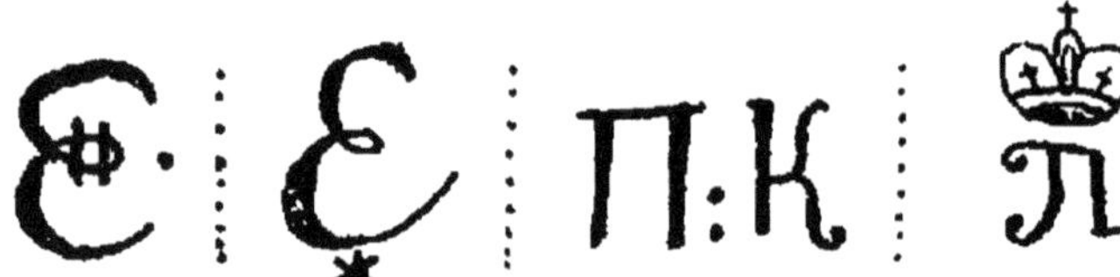

Sous Nicolas 1er.

Sous Alexandre Ier :

Sous Alexandre II :

RECHERCHES

V. M. de R., Déc. 1903 :

Gd vase sur piédouche présentant un compartiment contenant le portrait de la mère de Rembrandt, sur fond vert. (époque de Nicolas Ier) 800f

§ 11e SUEDE

MARIEBERG

La manufacture de faïence de Marieberg a aussi produit de belles porcelaines décorées avec beaucoup de goût ; elles portent la marque ci-dessous :

MB

§ 12e SUISSE

I – NYON

La manufacture de Nyon, sur le bord du lac de Genève, fut fondée par un Français du nom de *Maubrée*.

Ses porcelaines sont parfois décorées de fleurettes dans le genre de Sèvres.

Elles sont marquées d'un poisson :

RECHERCHES

V nov 1905 :

Deux cachepots déc fleurs 230f

II – ZURICH

Un Allemand venu de Hoscht-sur-le-Mein, fonda une fabrique à Zurich, où il produisit des porcelaines dans le genre de celles de Höscht, et qu'il marquait d'un Z :

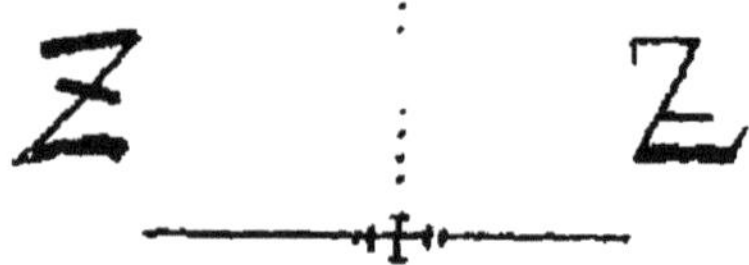

CHAPITRE 3e

PORCELAINES D'ORIENT

§ 1er CHINE

La fabrication de la porcelaine en Chine remonte à la dynastie des *Han* qui régna de 206 avant J.C, jusqu'à l'an 86 de notre ère; mais ce n'est qu'à partir de la dynastie des Ming, 1368, que l'on trouve des porcelaines portant une date certaine.

La fabrication de la porcelaine parait avoir été repandue sur presque toute la surface de l'empire chinois; les fabriques les plus renommees étaient celles de la province de *Keang-Se*, parmi lesquelles se trouvait celle de *King-te-Tchin* qui fournissait seule les porcelaines destinées à l'empereur et aux membres de sa famille, et qui ne comptait pas moins de 3.000 fours.

A l'exception des porcelaines fabriquées aux XVIIe et XVIIIe siècles, pour être envoyées en Europe, par l'entremise de la

Compagnie des Indes, presque toutes les porcelaines de la Chine, surtout à partir de 1368, portent une marque ayant une signification symbolique ou réelle.

Les marques symboliques sont assez nombreuses, mais on rencontre plus communément les suivantes :

Le *Ling-tchy*, sorte de champignon, symbole de la longévité :

Le *Lièvre*, autre emblème de la longévité :

La *Perle*, emblème du talent ; elle indique les vases destinés aux poëtes.

La *Pierre sonore*, indiquant les vases réservés aux usages religieux :

Les *Poissons*, symbole de la fidélité domestique :

La *Feuille* de forme variable, considérée comme emblème de bon augure :

Les marques portant une date certaine (qu'il faut lire de haut en bas en commençant par la droite, dans l'ordre indiqué ci-dessous) :

4	1
5	2
6	3

commencent avec la dynastie des *Ming* qui comporte quatre empereurs, et par conséquent quatre périodes :

1°

德	大
年	明
製	宣

qui doit se lire *Ta-ming Siouen-ti Nien-tchi*, c'est-à-dire fabriqué pendant la période de Siouen-ti, de la grande dynastie des Ming, soit de 1426 à 1436.

2°

大明成化年製

Qu'il faut lire : *Ta-ming Tching-hoa Nien-tchi.* (*1465 à 1488*)

3°

大明弘治年製

Ta-ming Houng-tchi Nien-tchi (*1488 à 1506*).

4°

大明正德年製

Ta-ming Thing-te Nien-tchi (*1506 à 1522*).

Pour la dynastie des Tsing, nous trouvons de 1661 à 1722, la marque suivante

大清康熙年製

Ta-tsing Kang-hi Nien-tchi.

De 1723 à 1736, sous la période *Yung-tching* la marque ci-dessous :

大清雍正年製

Ta-tsing Yung-tching Nien-tchi.

Puis la marque suivante pour la période *Kien-long*, de 1736 à 1795.

大清乾隆年製

Ta-tsing Kien long Nien-tchi.

A partir du règne de Kien-long, les caractères séparés sont remplacés par une marque en cachet carré imprimée dans la pâte, ou peinte en rouge ou en bleu et qui se lit de la même façon, c'est-à-dire du haut en bas en commençant par la droite

Ta-tsing Kien-long Nien-tchi :

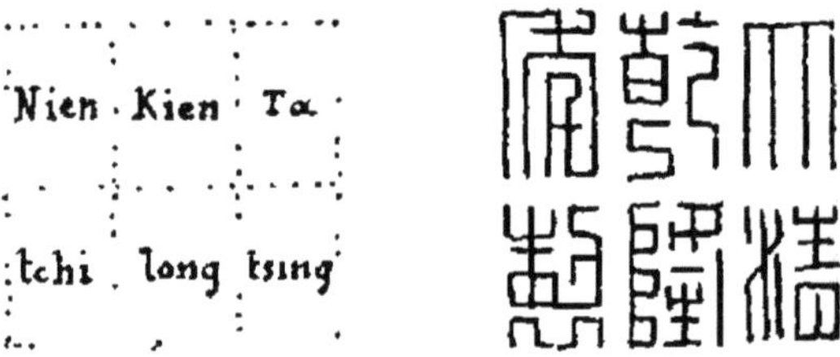

Sous le règne de l'empereur *Young-tchi*, (1862 à 1875. les porcelaines sont marquées.

On trouve sur certaines porcelaines de Chine, avec ou sans autre marque, le caractère :

玉.

qui se lit Yu *(jade)*; cette marque indique les porcelaines de première qualité.

Les céramistes Chinois ont varié à l'infini

les modes de décoration de leurs porcelaines.

Beaucoup sont à couvertes unies, à décorations variées : vert d'eau, vert camélia, jaune qui est la couleur adoptée par la dynastie actuelle; brun clair, rouge de cuivre, bleu turquoise, violet; les fonds sont souvent décorés de figures symboliques, d'animaux sacrés, d'ornement ou de fleurs modelés en relief ou peints sous émail.

D'autres sont à couverte craquelée ou truitée, c'est-à-dire recouvertes d'un émail fendillé irrégulièrement; des craquelures sont parfois colorées en noir ou en rouge, parfois une partie est réservée en blanc uni rehaussée de bleu sous couverte, alors que tout le reste est craquelé.

C'est généralement en couleurs variées que sont décorés les vases d'apparat, les plateaux, les pièces usuelles qui font l'objet de dons aux occasions solennelles, comme au renouvellement de l'année, lors d'un mariage, d'une naissance, etc..

Parmi la grande variété de couleurs employées par les artistes Chinois, deux tons surtout semblent dominer : le vert de cuivre qui décore principalement les porcelaines fabriquées sous la dynastie des Ming (*Famille verte*) et le rose ou rouge d'or réservé aux pièces parfaites et a contexture très mince (*Famille rose).*

A partir de Kien-long, vers le milieu du XVIIIe siècle, les porcelaines sont surtout décorées d'émaux opaques mis en épaisseur, cernés d'un trait noir.

Les *Porcelaines de la Compagnie des Indes* sont des porcelaines fabriquées en Chine pour le compte de la Compagnie des Indes qui les importait en Europe en quantité considérable.

RECHERCHES

Les recherches sur les porcelaines de Chine sont divisées en quatre parties; 1° vieux-Chine, 2° famille verte, 3° famille rose, 4° compagnie des Indes.

VIEUX CHINE

V. Scheffer, juin 1898:

Vase forme carafe, fond noir, ép. de Kien-long. . . . . 215[f]

Deux aiguières de forme persane, déc. bleu, ép. des Ming. . . . . 200[f]

V. X., mai 1898 :

Deux potiches couvertes déc. polych. . . . 500[f]

Deux cornets, déc. polych. . . . . 210[f]

Vase rouleau, déc. polych. . . . . 170[f]

Plat creux à déc. polych. . . . . 400[f]

V. Casimir Périer, janv. 1899 :

Deux bouteilles, déc. bleu personnages et feuillage. . . . . 210[f]

Trois paires de petits vases rouleaux

déc. de fleurs et arabesques en rouge de fer et or. 985f

V. Mène, mars 1899 :

Deux plats aux armes de provinces . . 900f

Deux bouteilles, déc. bleu de personnages 165f

Deux vases en céladon gris craquelé, décorés en bleu 250f

Deux cachepots sylindriques côtelés, déc. bleu 250f

Vasque déc. bleu paysage animé 410f

V. de Talleyrand, mai 1899 :

Vase à fond rouge, monture bronze doré, ép. Louis XVI. (H. o.53) 15000f

Deux gds vases lancelles décorés de paysages et de feuilles en rouge de fer et or. (H. o,77) 2500f

Deux grands vases balustres à deux anses, décorés de dragons, ép. de Kien-long. (H. o.85) 1000f

Deux paires de vases de forme hexagonale, déc. à personnages, paysages et arabesques de feuillage ; deux sont munis de couvercles 7000f

Deux bouteilles à fond bleu, avec médaillons en réserve, en bleu sur fond blanc 640f

V. Lelong, mai 1903 :

Deux porte-fleurs en ancien céladon gris, forme de troncs d'arbres 420f

Garniture de trois brûle-parfums

la pièce du milieu se compose d'un vase soutenu par une statuette de personnage grotesque, accroupi sur deux cerfs, les deux autres sont formés d'un vase avec couvercle. 4300f

V. Hart, juin 1904 :

Gd vase de forme balustre, à fond bleu turquoise. 1000f

Gde bouteille à corps sphérique et terminée par un col cylindrique, déc. rinceaux de pivoines avec gdes fleurs en émail sur tons clairs. 1150f

V Baronne Davillier. Déc. 1904 :

Gd plat rond, déc. bleu rayonnant. .. 310f

Assiette scène familiale, marli à sept bordures. 3510f

V. Boas. Berg, nov. 1905, à Amsterdam :

Garniture de trois potiches couvertes déc. rouge, vert et doré, de compartiments et de réserves 462f

V. de Nayer, fév 1907 :

Grosse potiche émaillée sur biscuit, fond gros bleu, déc. en couleurs de cavaliers, ép. des Ming. 1200f

Deux cornets, émaux de couleurs scènes de personnages. ép. des Ming. . . . 260f

Deux potiches, dragons et pagodes, avec personnages 430f

Deux gds cornets à personnages à pied et cavaliers, ép des Ming 275f

FAMILLE VERTE

Vente de Gontaut-Biron, mai 1898 :

Deux vases sphériques, décorés en émaux, d'un large lambrequin représentant des chrysanthèmes de nuances variées sur un champ d'arabesques en émail vert ; monture ép. Louis XVI en bronze, avec deux anses reliant la base à l'orifice. (H. 0.42 ; larg. 0.46) 47.000f

V. mai 1898 :

Deux potiches couvertes, forme ovoïde. . . 331f

Deux vases ovoïdes côtelés, à compartiments de rochers, arbustes en fleurs et oiseaux. 3720f

V. Scheffer, juin 1898 :

Vase en forme de rouleau, à décor d'émaux. 300f

Vase ovoïde à col étroit. 450f

Vase rouleau, rochers, fleurs et oiseaux. 175f

Deux gdes coupes déc fleurs 175f

V. Casimir-Périer, janv. 1899 :

Deux vases à pans, déc. arbustes, rochers. 2000f

Aiguière. déc fleurs et oiseaux. 102f

Encrier cylindrique, déc. de branchages, monture bronze. 115f

V. Mène, mars 1899 :

Plat creux, femme faisant de la musique 400f

Plat creux, fleurs et oiseaux. 200f

V de Talleyrand, mai 1899 :

Deux vases avec figurines adossées

sur le devant, monture bronze, ép. Louis XV. 23.100f.

Petit vase bourdaloue . . . . 160f.

V. Monginot, avril 1901 :

Deux plats à décor d'armoiries. . . . 301f.

V. Marquis de Thuisy, Dec. 1902

Vase lancelle, paysages animés. . . . . 620f.

V. Mame, avril 1904 :

Deux cornets décorés de paysages et de scènes familiales. (H. 0.45) . . . . . 6200f.

V. Boas-Berg, à Amsterdam, nov. 1905 :

Deux vases rouleaux, déc. de plantes et de fleurs (légère réparation) . . . . . 4305f.

Paire de grandes potiches à couvercles déc. polych. et réserve de paysage (légère défectuosité). . . . . 4662f.

Gd bol, déc. de quatre médaillons avec un bol presque semblable . . . 1765f.

FAMILLE ROSE

V. Carl Becker, à Cologne, mai 1898 :

Garniture de trois vases forme poire, la panse ornée d'émaux, à sujets de paysages, pieds et cols à bordure enroulée. 3.425f.

Deux vases à couvercles, forme poire allongée, ornés d'émaux, rameaux d'amandiers fleuris, enroulement formant bordure. . . . . 550f.

V. Scheffer, juin 1898 :

Plat rond, fond bleu, à réserves de fleurs, rosaces décorées en émaux. . . . . . 130f.

V. marquis de Thuisy, Déc. 1902 :

Deux petites potiches, réserves à fleurs sur fond capucin. 310f

Vase à pans déc. de vases de fleurs. . 360f

V Baronne de H juin 1904 :

Deux grandes potiches avec leurs couvercles décorées chacune de trois gdes réserves en forme de feuilles, contenant des rochers, des fleurs et des insectes, et se détachant sur un fond bleu pâle — cailloutè (H. 1m30). 62100f

V. Mame, avril 1904 :

Deux potiches avec couvercles, réserves à fleurs sur fond bleu. 3400f

Deux assiettes, l'une à fleurs, l'autre décorée d'un scène familiale 820f

V. Boas Berg, à Amsterdam, nov. 1905 :

Paire de figurines de dames chinoises (réparation). 2210f

Service à thé déc. de pivoines sur fond mi-doré et rose. (fêlure). 1071f

Six théières accostées de deux lions grimpant ; la panse est ornée de quatre rosaces travaillées à jour, le couvercle également à double paroi . . 5040f

COMPAGNIE DES INDES

V. X., mai 1898 :

28 assiettes creuses, 8 compotiers et 5 plats à déc. de fleurs. 180f

V. juin 1902 :

Service de table de 75 pièces, déc. polych et or 1605f

V. Mars 1903 :

Service de table déc. bleu 620f

Petit service à thé et à café 140f

V. Baronne de Gargan, mai 1904 :

Deux écuelles et leurs plateaux, déc. fleurs 102f

Quatre assiettes et une écuelle ronde avec couvercle, déc. de fleurs . . 95f

---

§ 2e JAPON

La fabrication de la porcelaine du Japon ne date que du commencement du XVIe siècle, époque à laquelle un potier japonais du nom de *Gorodayushonsui*, revenant de Chine où il avait appris les procédés et le secret de la fabrication de la porcelaine, vint s'établir dans la province de Hizen.

Mais ce manufacturier ne produisit que des porcelaines à fond blanc, ornées de dessins peints en bleu, sous couverte.

Un siècle plus tard, un habitant d'*Imari* ayant travaillé à *Nagasaki*, sous la direction d'un Chinois, décorait en couleurs variées, des porcelaines qu'il faisait exporter en Europe, par l'entremise de la

Compagnie des Indes.

Mais c'est surtout à *Arita* que furent établies les principales manufactures de porcelaines pour l'exportation; on les désigne indifféremment aujourd'hui sous le nom de porcelaines d'Imari ou d'Arita.

Les porcelaines japonaises se rapprochent beaucoup des porcelaines de Chine dont elles portent fréquemment les marques; pourtant, dans beaucoup de cas, la décoration offre des différences bien marquées: on y rencontre davantage de rouge et d'or, le bleu sous couverte y est plus intense, le dessin des figures est plus correct et plus élégant; les animaux et surtout les poissons et les oiseaux y sont peints avec plus d'exactitude.

La fabrication de la porcelaine a pris aujourd'hui au Japon une grande importance et cependant, chaque province semble avoir conservé un genre qui lui est propre:

Owari produit une grande quantité de porcelaines blanches à décor bleu.

Hizen exporte ses vases, ses grands plats à décoration polychrome, mélangée de bleu sous couverte, avec des fleurs encadrant des médaillons irréguliers, sur lesquels sont peintes des scènes de guerre ou des sujets familiaux.

Kaga produit des pièces de fabrication parfaite, décorées de rouge et d'or.

Satzuma fournit quantité de produits variés : des services de table, des services à thé, des brûle-parfums aux formes élégantes, dont l'or se détache sur un fond craquelé imitant le ton de l'œuf d'autruche.

Le Japon produit également des porcelaines *laquées*, c'est-à-dire recouvertes de vernis noir et rouge d'un bel éclat, et décoré de dessins peints en or et parfois en argent ; ainsi que des porcelaines à *émail cloisonné*, pour lesquelles on emploie les mêmes procédés et les mêmes émaux que pour les cloisonnés sur métaux.

RECHERCHES

V. Monvelle, fév. 1866.

Plat rond à ornements en blanc sur blanc, imitant le crêpe de Chine . . . 325f

Plat rond à bordure d'ornements polych. sur fond or, écusson armorié et feuilles. 205f

Plat rond, bordure à médaillons 250f

Deux aiguières fond bleu, ornements or. 172f

Boîte à thé à godrons, fleurs et feuillages en or mat, ornements en relief et médaillon représentant la déesse Kouan-in sur les flots. 175f

V. X., mai 1898 :

Plat à fond bleu parsemé de fleurs. 100f

Deux potiches avec couvercles, décor

polych. à branchages fleuris. . 404

V. Casimir Périer, janv. 1899 :

Potiche avec couvercle, déc. bleu, rouge et or, personnages et fleurs. 450f

Potiche ovoïde couverte, déc. fleurs. 120f

V. Souriaux, à Bordeaux, janv 1899 :

6 assiettes décorées d'une couronne impériale, avec anagrammes. . . 75f

V. Mène, mars 1899 :

Bassin à bords festonnés, déc. polych. et or. 150f

V de Talleyrand, mai 1899 :

Deux petits cachepots, déc. d'arbustes (H. 0.16). 270f

Deux vases, fond noir à fleurs de pêcher en rouge et or et médaillons. . . 320f

Bouteille à déc. d'arabesques en rouge, bleu et or. 100f

Deux vases à couvercles, déc. de fleurs, feuillages et bandes, monture bronze doré 1300f

Gros sucrier avec couvercle, déc. de fleurs et de médaillons.

Plat rond, déc. fleurs et ornements 50f

Deux bouteilles côtelées à déc. de paysages 175f

V. 2 juin 1899.

Garniture de trois potiches couverts, décor en bleu, rouge et or, à montures en bronze ép. Louis XV. . . 780f

V. Handelaar, nov. 1904 :

Deux potiches, déc. bleu, rouge et or. 450f

Garniture de 5 pièces, à déc. bleu, rouge et or. 1150f

V. Baronne Davillier, Déc 1904 :

Deux cachepots, déc. bleu, rouge et or. . . 160f

Trois potiches, déc. polych. et or. . . . 1580f

Deux petits flacons 380f

V. Boas-Berg, à Amsterdam, nov. 1905 :

Grande garniture de 5 potiches, à déc. bleu, rouge, vert et or, sur fond bleu royal 9870f

V. Comte d'Yanville, fév. 1907 :

Chocolatière bleue rouge et or. 60f

V. de Nayer, fév. 1907 :

Gde potiche octogonale 380f

CHAPITRE 4e

GRÈS

C'est en Allemagne, dans les contrées situées sur les bords du Rhin, à partir du XVe siècle, que la fabrication du grès s'établit d'une façon suivie, pour se poursuivre pendant les XVIe et XVIIe siècles seulement.

On divise les grès en cinq variétés principales, suivant la couleur de leur pâte et celle de leur glaçure.

La première variété comprend les grès sans aucune glaçure, à pâte gris-perle ou blanchâtre, fabriqués *à Siegburg* près de Cologne.

Ces grès sont le plus souvent des canettes cylindriques atteignant parfois de grandes dimensions, ornées en relief de médaillons représentant des scènes allégoriques ou des figures de l'Ancien Testament, la plupart de ces grès portent à la face antérieure, un écusson aux armes du personnage auquel ils étaient destinés, ainsi que la date de leur fabrication.

Les grès de Siegburg sont ceux que l'on retrouve le plus rarement aujourd'hui.

Les grès de la seconde variété sont recouverts d'une glaçure brune plus ou moins foncée et parfois un peu bronzée; leur pâte est jaunâtre. Ils ont été fabriqués notamment à *Frechen* près de Cologne et à *Raeren*, près de la frontière belge, qui appartenait autrefois à la Flandre; aussi les grès de Raeren sont-ils souvent désignés sous le nom de "*Grès flamands*".

Beaucoup de ces grès, que l'on trouve le plus communément, sont ornés de frises circulaires en relief, représentant des cortèges, des chasses, des danses; d'autres portent à la partie antérieure du col, des mascarons à longues barbes, et que l'on appelle pour celà des *barbmans*.

Dans la troisième catégorie sont classés les grès à pâte bleuâtre ou grise et décorés d'émaux violets, bruns ou bleus.

Les manufactures les plus importantes où furent fabriqués les grès de cette catégorie, sont *Grenzhausen*, près de Coblentz, et *Höhr* qui produisirent une variété considérable de pièces aux formes parfois bizarres, mais toujours élégantes: des cruches décorées de médaillons en rosaces, découpés à jours; des pots à surprise, des chauffrettes en forme de livres, etc.

La décoration de ces grès est moulée en relief ou estampée en creux, beaucoup portent des inscriptions contenant des souhaits, des témoignages d'affection, des devises, des souvenirs, etc., et généralement la date de fabrication.

Les grès à pâte brune, à glaçure noire ou décorés d'émaux polychromes, formant la quatrième variété, ont été fabriqués pour la plupart en bavière, à *Kreusen*, au XVIIe siècle.

Ce sont des pots à bière de forme cylindrique, ornés en relief de frises circulaires peintes en couleurs opaques, imitant la peinture à l'huile et parfois rehaussées d'or; des cruches dont beaucoup sont décorées sur la panse de figures du Christ et des apôtres et appelées pour celà "*Cruches des Apôtres*", et d'autres ornées de figures à cheval ou en pied, de personnages de l'époque, de cortèges, de danses ou de sujets de chasse

Enfin, la cinquième catégorie comprend les grès fabriqués en *Saxe*, ornés de dessins géométriques en relief et recouverts d'émaux gris, blancs et noirs et connus sous le nom de "*Cruches de deuil*".

RECHERCHES

V Soltykoff, mai 1861

G^de^ canette émaillée de brun, XVIe s . . 40f

Aiguière en grès gris émaillée de bleu 165f
Grande canette du XVIIe S. 80f
Grande canette émaillée de bleu et de violet. 256f

V. Rougier, mai 1904 :

Cruche de Raeren XVIIe S. 50f
Petit pot de Raeren, même ép. . . . 46f
Cruche en grès gris et bleu de Raeren XVIIe siècle 140f

V. Gaillard, juin 1904 :

Gde canette, première moitié du XVIe siècle. (H. o.32). 980f
Cruche avec monogramme IE, et 1596. 120f
Petite cruche, fin du XVIe S. 75f
Gde cruche de Siegburg, 1584 . . . . 310f
Cruche de Raeren, fin du XVIe S. (H o.35) 225f
Gde canette de Raeren, fin de XVIe S. (H. o.36). 220f
Cruche de Raeren, en forme de couronne, XVIe S. 620f
Gde cruche de Raeren, 1607. (H o,35) . . 335f

CHAPITRE 6e

RESTAURATION DES OBJETS EN CERAMIQUE

I. NETTOYAGE

Avant de procéder à la réparation d'un objet quelconque de céramique, il est absolument indispensable de nettoyer cet objet, car sans cette précaution, il est évident que les matières concourant à sa restauration n'auraient aucune adhérence.

On lave d'abord l'objet au savon, en se servant d'une brosse à dent et ce lavage est suffisant lorsque la poussière seule recouvre la partie cassée; mais si on est obligé de débarrasser l'objet de matières grasses, il faut employer, après le premier lavage au savon, de l'esprit de vin, ou même de l'eau de Javel.

II. RECOLLAGE D'UNE PIECE EN MORCEAUX

S'il s'agit de réparer une pièce de faïence ou de porcelaine dont nous avons tous les morceaux, il suffira de les rapprocher les uns des autres, dans leur position naturelle et de les coller simplement avec de la colle-forte, c'est-à-dire celle dont se servent les ébénistes ; c'est le moyen le plus économique et celui qui réussit le mieux.

Il va sans dire que ce procédé ne s'applique qu'aux pièces de collection et qu'il serait impropre à la réparation d'une pièce quelconque d'un service de table destiné à des lavages réitérés : dans ce cas la colle serait dissoute par l'eau chaude et la réparation serait à refaire.

On peut également se servir de colle de poisson dissoute dans de la liqueur de genièvre sur un bain-marie, avec addition de jus d'ail obtenu par le pilage de la gousse dans un mortier. La colle forte est cependant préférable.

Si l'objet à réparer est brisé en plusieurs morceaux, on commencera par coller les petits que l'on maintiendra dans la position voulue pendant le séchage, au moyen de plaquettes de cire à cacheter que l'on fera sauter après l'opération avec la pointe d'un couteau.

Lorsqu'on aura constitué de grands morceaux par le collage successif des petits morceaux entre eux, il n'y aura plus qu'à coller ces grands morceaux pour reconstituer la pièce elle-même.

Pendant le séchage on maintiendra les grands morceaux en les attachant ensemble et en les serrant le plus possible tout en ayant bien soin de ne pas les déranger.

Une fois la colle bien séche, ce qui demande environ 24 heures, on débarrassera l'objet de ses attaches et l'on fera disparaître les bavures de colle en frotant légèrement cette colle au moyen d'un chiffon de coton trempé dans de l'eau chaude.

Cette opération terminée, toutes les parties collées auront l'apparence de fêlures, que l'on fera disparaître en passant dessus du vernis copal dans lequel on aura délayé une peinture à l'huile d'une couleur exactement semblable à celle de la glaçure de la pièce restaurée; cette dernière opération devra être faite à l'aide d'un pinceau très fin, et avec beaucoup de précaution, de façon à ne pas faire de bavures qui formeraient épaisseur sur l'émail.

III. RÉPARATION D'UNE PIÈCE DONT IL MANQUE UN MORCEAU

Si le morceau à remplacer est d'une certaine importance, comme la queue d'un pichet, une partie du marly d'une assiette, d'un plat ; l'oreille d'un plateau, etc., il est absolument nécessaire de préparer une monture ou charpente destinée à relier ensemble les deux extrémités de la cassure, comme aussi à contribuer à la solidité de la réparation.

Cette monture devra toujours être en fil de fer galvanisé, pour éviter la rouille qui ne manquerait pas de se produire au contact des matières humides dont il va être parlé.

On perce à l'aide d'un burin carré enduit d'huile, les endroits où doivent être adaptées les extrémités de la monture, que l'on coupe à la longueur voulue, en tenant compte de la profondeur des trous que l'on vient de percer, et dans lesquels on introduit les deux extrémités du fil de fer, comme l'indique la figure ci-après

Une fois cette monture prête à être posée, c'est-à-dire après lui avoir fait prendre la forme des contours de la

partie manquante, on la fixe au moyen

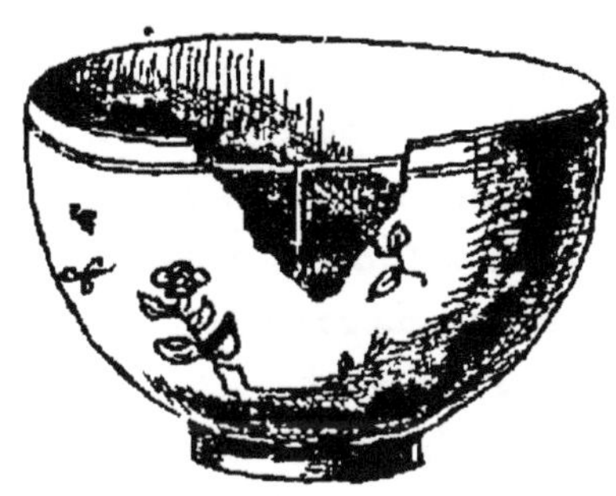

d'un mastic que l'on prépare ainsi :

On réduit en poudre très fine du blanc d'Espagne, on met une pincée de cette poudre dans une soucoupe ; au milieu, on verse quelques gouttes de silicate de potasse et l'on mêle au moyen d'une spatule en bois, de façon à obtenir une pâte assez épaisse.

Au moyen de ce mastic, on bouche les trous que l'on vient de faire, et on y introduit immédiatement les extrémités de la monture ; le mastic encore frais laisse pénétrer le fil de fer, mais il ne tarde pas à sécher et à le fixer solidement.

Il ne reste plus alors qu'à remplacer la partie manquante.

Pour celà faire, on emploie la pâte anglaise dont se servent les fabricants de cadres pour la confection des ornements qu'ils appliquent sur le bois ; c'est ce qu'il y a de plus commode.

Cette pâte est composée de deux parties de colle forte, une partie d'huile de lin, mélangées avec de la résine de pin et solidifiées avec du blanc d'Espagne; elle s'emploie à froid et devient dûre comme de la pierre en séchant.

Pour l'empêcher de sécher, on la conserve dans un linge mouillé.

On mouille les parties où la pâte anglaise doit adhérer et à l'aide de la spatule, on recouvre la monture de fer et on étale la pâte le plus proprement possible dans toute la partie à remplacer, en ayant soin de dépasser un peu en épaisseur, la surface extérieure de la pièce.

On laisse sécher pendant quelques jours puis on polit la pâte anglaise au moyen d'une lime d'abord, puis ensuite avec du papier de verre ou d'émeri très fin.

Il ne reste plus alors qu'à remplacer les couleurs qui manquent par de la peinture à l'huile délayée dans du vernis copal.

Le blanc qui jaunit le moins est le blanc de zinc, aussi est-il préférable de l'employer pour simuler l'émail de la porcelaine.

Les couleurs au vernis copal sont les meilleures pour la restauration, puisqu'elles rendent le vernissage superflu.

RESTAURATION DES GRÈS

On peut restaurer les grès par un ciment composé de 20 parties de sable blanc de rivière, 2 parties de litharge et une partie de chaux vive mêlée à l'huile de lin siccative ; ce ciment est inaltérable à l'air et à la pluie.

FIN

TABLE ALPHABETIQUE

des

MATIÈRES

IMP. Vve H. SIRE BOURGES 11 143

www.ingramcontent.com/pod-product-compliance
Ingram Content Group UK Ltd.
Pitfield, Milton Keynes, MK11 3LW, UK
UKHW020313230726
13925UKWH00002B/387